普通高等教育软件工程专业“十三五”规划教材

计算机网络专题实验教程

张玉龙　朱　利　魏恒义　编

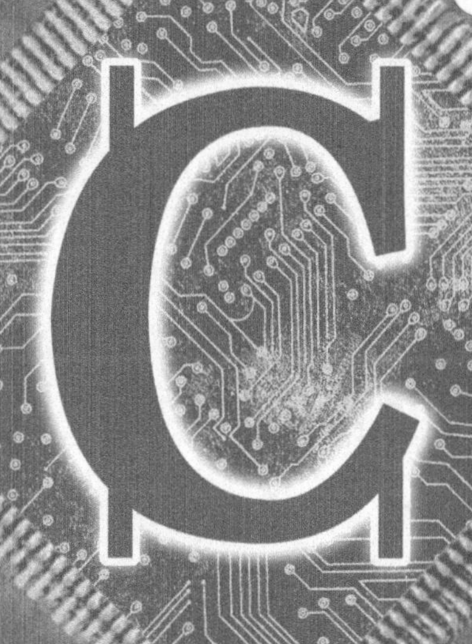

西安交通大学出版社
XI'AN JIAOTONG UNIVERSITY PRESS
国 家 一 级 出 版 社
全国百佳图书出版单位

图书在版编目(CIP)数据

计算机网络专题实验教程/张玉龙,朱利,魏恒义编
.—西安:西安交通大学出版社,2019.11
ISBN 978-7-5605-9856-7

Ⅰ.①计… Ⅱ.①张…②朱…③魏… Ⅲ.①计算机网络-实验-高等学校-教材 Ⅳ.①TP393-33

中国版本图书馆 CIP 数据核字(2017)第 165343 号

书　　名 计算机网络专题实验教程
编　　者 张玉龙　朱　利　魏恒义
责任编辑 刘雅洁

出版发行 西安交通大学出版社
(西安市兴庆南路1号　邮政编码 710048)
网　　址 http://www.xjtupress.com
电　　话 (029)82668357　82667874(发行中心)
(029)82668315　82669096(总编办)
传　　真 (029)82668280
印　　刷 西安日报社印务中心

开　　本 787mm×1092mm　1/16　**印张** 6　**字数** 77 千字
版次印次 2019 年 11 月第 1 版　2019 年 11 月第 1 次印刷
书　　号 ISBN 978-7-5605-9856-7
定　　价 19.00 元

如发现印装质量问题,请与本社发行中心联系、调换。
订购热线:(029)82665248　(029)82665249
投稿热线:(029)82664954
读者信箱:85780210@qq.con

Foreword 前言

知道事物应该是什么样，说明你是聪明的人；

知道事物实际是什么样，说明你是有经验的人；

知道怎样使事物变得更好，说明你是有才能的人。

——法国哲学家狄德罗

计算机网络专题实验是一门独立设置的实践课程，该课程是学生深入理解计算机网络工作机制、协议控制流程以及网络功能实现的有效途径，是对所学计算机网络知识全面、系统的总结，巩固和提高的一项课程实践活动。

在“2＋4＋X”培养模式中，需要将创新意识、创新能力培养贯穿于人才培养的全过程和每个教学环节。在本课程的教学体系中将实验内容进行分层设计，在指导过程进行个性化互动，力图提高学生创新实践思维和能力。课程的内容设计中分为基础引导、进阶综合设计和师生互动讨论主题三部分。对基础引导阶段的内容尽可能简练、快速；进阶综合设计阶段尽可能让学生能基于刚刚完成的实验内容，在比较、分析、改进的基础上完成自主综合设计。师生互动讨论主题的设计主要有两个层次：第一层是对实验结果的质询和分析讨论，与每位同学的互动结果反映了该同学对实验原理、过程和结果的理解；第二层是进阶综合设计实验，实验方法设计、实验结果的获得方法和结果分析是这一阶段师生互动的主题。

完成本实践课程的同学，会在如下几个方面得到收获：一是设备配置与基本原理验证；二是网络协议分析；三是实验结果分析与拓展；四是进阶综合设计的创新。其中前三项是每位同学必然的收获。通过每个实验项目的实验结果分析与拓展延伸，培养学生的创新意识，提高学生自身的创新能力。

编　者

2019 年 6 月

实验注意事项

1. 共有10个实验项目，每个项目分不同的实验单元。

2. 请提前预习实验指导书，以便提高现场实验效率。

3. 第2章、第4章、第10章、第11章的实验，由4人大组合作完成，其他实验项目由2人小组合作完成。

4. 参与每个实验项目的同学需合理分工，现场检查单和实验报告要反映本人工作特点，如实做好实验记录。

5. 每个实验项目的主要步骤和结果作为综合实验报告的素材，请及时保存。

现场实验检查单、师生互动结果和综合实验报告是反映本实验效果的3个环节，也是成绩评定的依据。欢迎同学们根据本课程的实践，为课程体系和内容的完善提出宝贵意见。

Contents 目录

第 1 章　实验环境及设备

本课程采用 Link Manager NetCollege 远程网络实验室软件进行设备管理及辅助教学，使整个实验室成为一个泛实验平台，可以进行大型网络的模拟组建，网络交换技术、网络路由技术、网络安全技术的实验，也可以进行组播、MPLS、IPv6 等网络技术的研究与开发。实验内容针对不同的对象，可以分为验证、分析、设计、综合以及研究创新等层次。

1.1　实验室整体结构

图 1-1 是实验室整体结构图，通过一台 DCRS-5650 交换机将 8 个小组构建成一个逻辑整体。通过 NetCollege 控制系统，每位同学可以在自己的终端机上配置设备，并在每组设备配置面板上完成各种实验拓扑连接。

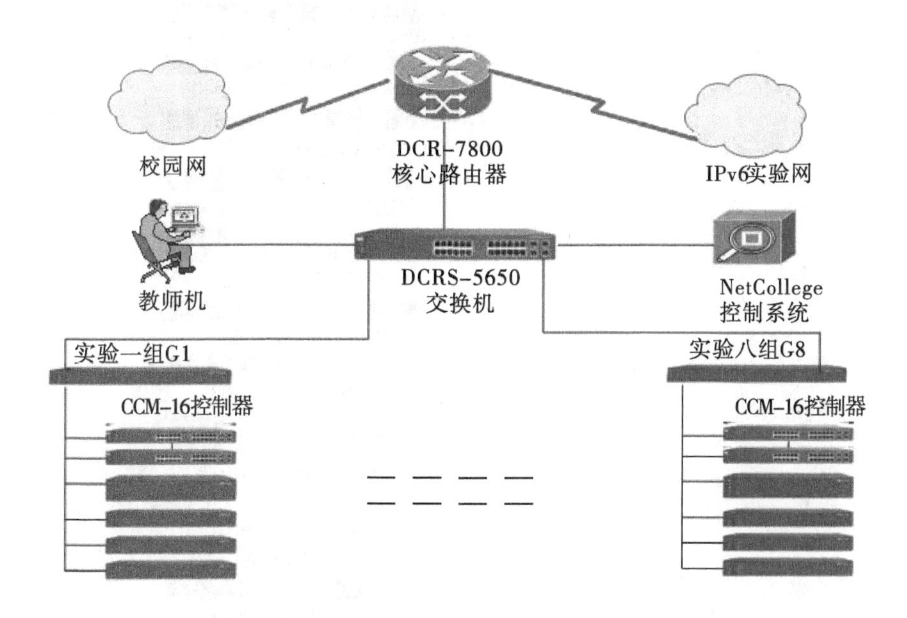

图 1-1　实验室整体结构图

1.2　实验设备布局

实验室共有 8 个小组，每个小组的设备柜中均有如下实验设备：两台 Cisco WS－C3560 三层交换机，一台 Cisco WS－C2960 交换机，一台 Cisco ASA5505 防火墙，一台 DCR－3680 路由器、两台 DCR－2626 路由器、两台 DCRS－5650 交换机、一台 DCFW－1800 防火墙和一个无线 AP。图 1－2 是实验设备柜配线布局图，每一台设备的主要端口都映射到配线架的有关端口上，可以通过标准的 RJ45 直通网络连接线实现任意设备的互联。图 1－3 是实验设备控制结构示意图。

配线架1					
	Cisco WS-C3560交换机1 1口~6口	Cisco WS-C3560交换机2 1口~6口	Cisco WS-C2960交换机 1口~6口	Cisco ASA5505防火墙 0口~3口 6口~7口	
	PC1~PC4计算机实验网卡接口	DCRS-5650交换机1 1口~6口	DCRS-5650交换机2 1口~6口	Cisco WS-C3560 交换机1 SFP 1口	Cisco WS-C3560 交换机2 SFP 1口

配线架2						
	DCFW-1800 WAN口 LAN口 DMZ口	DCR-3680路由接口：GE0 GE1 1-FE0 1-FE1 2-FE0 2-FE1	DCR-2626路由1 TP0 TP3 1-E0 1-E1	DCR-2626路由2 TP0 TP3	DCR-2626路由2 1-E0 1-E1	DCR-5650（1）25口~26口	DCR-5650（2）25口~26口

图 1－2　实验设备柜配线布局图

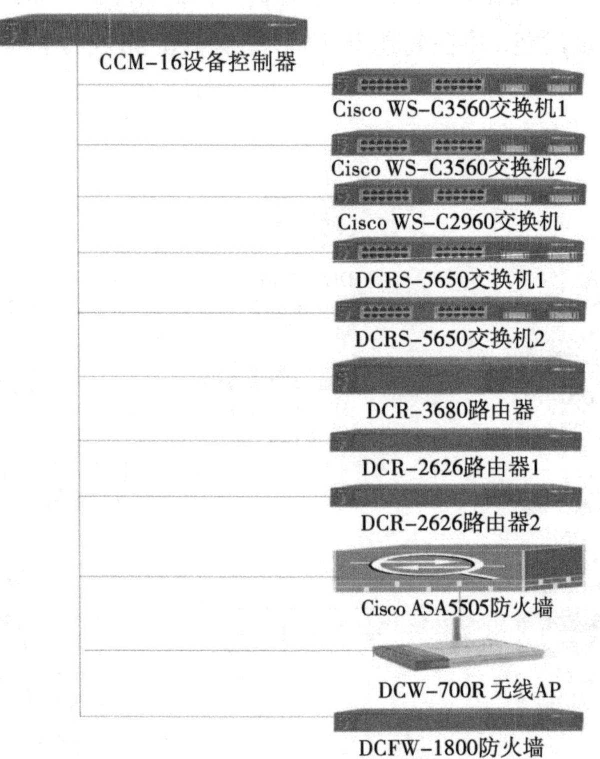

图 1－3　实验设备控制结构示意图

1.3　设备配置方式

设备柜中除 CCM 串口控制器外，其他都是实验用设备。为了保护设备，方便操作，这些设备的部分端口都已经转接到了机柜外面的配线架上；四台 PC 机的实验用网卡也通过网线连接在配线架上。实验中连线操作都是在配线架上通过网络跳线完成的。每个设备柜中的 CCM 串口控制器有一个固定的内部 IP，通过不同的端口监听和控制所有连接的网络设备。Link Manager NetCollege 管理软件通过 CCM 访问控制所有网络设备。用户只需要通过 Web 浏览器连接到 NetCollege 的 Web 服务器就可以对所在分组的设备进行配置。

在实验用 PC 机校园网连接网卡正常工作的前提下，用户通过 Web 浏览器登录到 NetCollege 服务器（本书中实验所用服务器地址为 http://192.168.1.200/），用户登录后选择“课堂实验”，点击自己所在的组，系统会以图 1-4 所示的图形界面显示该组机柜内的设备，每个设备的编号都是唯一的，学生在现场实验记录单和报告中需要写明自己采用的设备。在图 1-4 中选中需要配置的设备，点击右键，可以选择登录设备进行命令行配置，配置界面如图 1-5 所示。

系统对第一个登录设备的用户赋予写权限，该用户可以输入命令配置设备；其他用户具有读权限，可以查看设备信息。用户应按图 1-4 设备控制入口界面右上角的退出选项正常退出，以免引起冲突。建议对一个设备在同一时刻仅有一个用户进行配置操作。

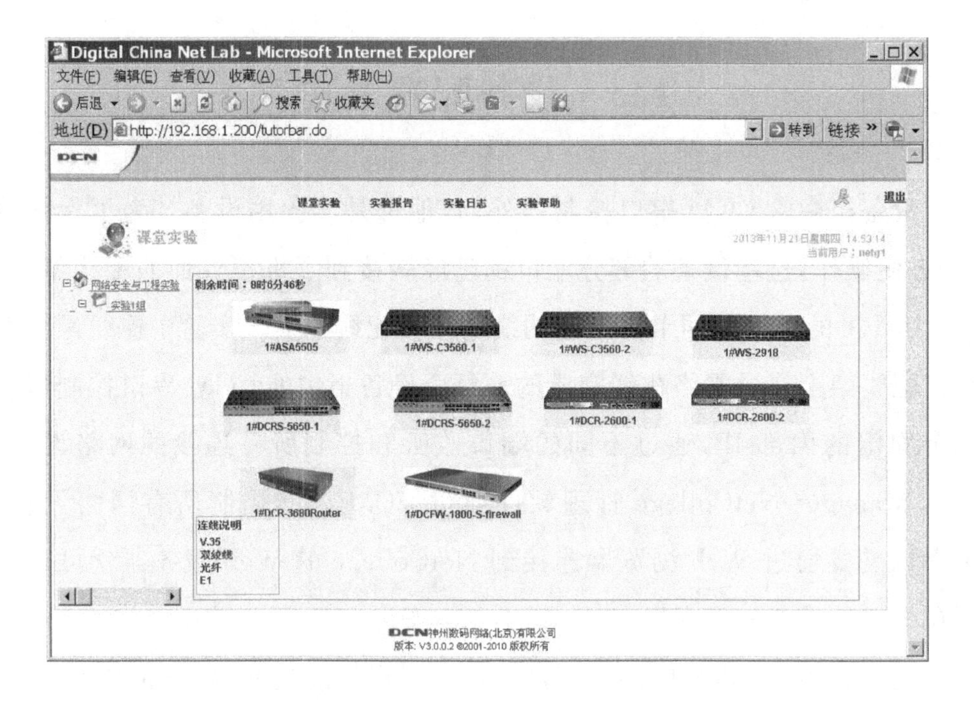

图 1－4　设备控制入口界面

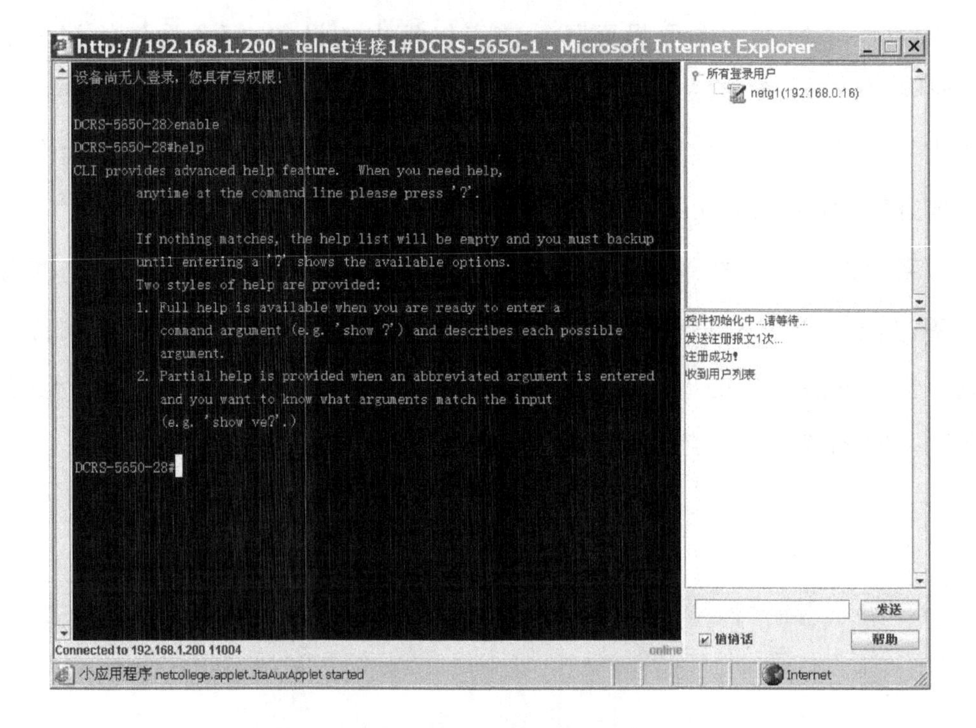

图 1－5　设备配置界面

1.4　实验设备的编号

为了方便操作，在 NetCollege 中看到的设备图形都有一个编号，编号由“组号”+“#”+“设备型号”+“-”+“顺序号”组成，且与配线架上的标签对应。表 1-1 表示了第 1 组的设备标识与端口对应关系，其他组别除设备编号中的组号变化外，其他类同。

表 1-1　第 1 组实验设备端口与实验箱配线架标识对应表

设备编号	含义	配线标识	对应设备端口
1#DCR-3680	DCR-3680 路由器	3680　GE0	GigaEthernet0/0
		3680　GE1	GigaEthernet0/1
		3680 1-FE0	FastEthernet1/0
		3680 1-FE1	FastEthernet1/1
1#DCR-2626-1	DCR-2626 路由器 1	2626(1)　TP0	FastEthernet0/0
		2626(1)　TP3	FastEthernet0/3
		2626(1)　E0	Ethernet1/0
		2626(1)　E1	Ethernet1/1
1#DCR-2626-2	DCR-2626 路由器 2	2626(2)　TP0	FastEthernet0/0
		2626(2)　TP3	FastEthernet0/3
		2626(2)　E0	Ethernet1/0
		2626(2)　E1	Ethernet1/1
1#DCRS-5650-1	DCRS-5650 交换机 1	交换机 1 1～6 端口	Ethernet0/0/1 到 Ethernet0/0/6
1#DCRS-5650-2	DCRS-5650 交换机 2	交换机 2 1～6 端口	Ethernet0/0/1 到 Ethernet0/0/6
PC1 实验网连接	计算机 PC1 实验网卡	PC1	PC1 转接端口
PC2 实验网连接	计算机 PC2 实验网卡	PC2	PC2 转接端口
PC3 实验网连接	计算机 PC3 实验网卡	PC3	PC3 转接端口
PC4 实验网连接	计算机 PC4 实验网卡	PC4	PC4 转接端口

续表 1-1

设备编号	含义	配线标识	对应设备端口
1#Cisco ASA5505	Cisco ASA5505 防火墙	0 口到 3 口 6 口到 7 口	Ethernet0/0 到 0/3 Ethernet0/6 到 0/7
1# Cisco WS-3560-1	Cisco 3560 三层交换机 1	1 口到 6 口	Fa0/到 Fa0/6
1# Cisco WS-3560-2	Cisco 3560 三层交换机 2	1 口到 6 口	Fa0/到 Fa0/6
1# Cisco WS-2960	Cisco 2960 二层交换机	1 口到 6 口	Fa0/到 Fa0/6

1.5 DCR 交换机配置

交换机是工作在 OSI 参考模型第二层的网络连接设备，它的基本功能是在多个计算机或者网段之间交换数据。交换机内部一般采用背板总线交换结构，为每个端口提供一个独立的共享介质，即每个冲突域只有一个端口。

以太网交换机在数据链路层进行数据转发时，根据数据包的 MAC 地址决定数据转发的端口，而不是简单地向所有端口转发，以提高网络的利用率。当交换机接收到一个数据帧时，它首先会记录数据帧的源端口和源 MAC 地址的映射，然后将数据帧的目的 MAC 地址与系统内部的动态查找表进行比较，并根据比较结果将数据包发送给相应的目的端口。若数据包的目的 MAC 地址不在查找表中，则将包广播到所有端口（除了发送端口）。

1.5.1 交换机的配置模式

交换机中设定了不同的配置模式，特定的命令存在于特定的配置模式下，要完成相应的操作必须进入相应的配置模式下。以下是交换机中的 4 种配置模式。

模式 1：setup 配置模式

交换机出厂第一次启动，进入“setup configuration”，setup 模式只能进行很少的配置。

模式 2：一般用户配置模式

退出 setup 模式即进入一般用户配置模式，提示符为“>”。该模式可用命令比较少，可使用“?”查看可用命令。

模式 3：特权用户模式

在一般用户配置模式下键入“enable”进入特权用户配置模式，提示符为“#”。在特权用户配置模式下，可以查询交换机配置信息、各个端口的连接情况等。

模式 4：全局配置模式

在特权模式下输入“config”进入全局配置模式。在全局配置模式，用户可以对交换机进行全局性的配置，如对 MAC 地址表、端口镜像进行修改，创建 VLAN 等。在全局模式下可以进入各端口进行配置。

例：

```
switch>enable                    ! 进入特权用户模式
switch#config                    ! 进入全局配置模式
switch#show running-config       ! 查看配置信息
```

命令“show interface”查看交换机所有端口的状态和配置，交换机用“x/y/z”的形式标识一个端口。其中 x 代表是堆叠的交换机中的第几个交换机，没有堆叠则为 0；y 代表是交换机上的第几个模块，从 0 开始；z 代表是该模块的第几个端口，从 1 开始。

在全局配置模式，使用命令“interface”就可以进入到相应的接口配置模式。交换机操作系统提供了三种端口类型：①VLAN 接口；②以太网端口；③port-channel；因此就有三种接口的配置模式。port-channel 接口配置模式配置 port-channel 有关的双工模式、速率等特性。

1.5.2 以太网接口配置模式

```
switch(Config)#interface Ethernet 0/0/1     ! 进入端口 0/0/1
switch(Config)#interface vlan 1             ! 进入 vlan1 接口
```

1.5.3 VLAN 接口配置模式

```
switch(Config)#vlan100           ! 创建并进入 vlan100 接口配置模式
switch(Config-vlan100)#
switch#show vlan                 ! 查看配置
```

1.5.4 恢复交换机出厂设置

```
switch#set default
Are you sure? [Y/N]= y
switch#write
switch#show startup-config
This is first time start up system   ! 系统提示此启动文件为出厂默认配置
switch#reload                        ! 重新启动交换机
```

1.6 DCR 路由器配置

路由器是工作在 OSI 参考模型第三层的网络连接设备，它的基本功能是根据数据包的 IP 地址选择发送路径，转发数据包到相应网络。路由器的数据转发是基于路由表实现的，每个路由器都会维护一张路由表，根据路由表决定数据包的转发路径。当路由器接收到一个数据包后，首先对数据包进行校验，对于发送给路由器的数据包，路由器就交给相应模块去处理，而大多数需要转发的数据包，路由器查询路由表，然后根据查询结果转发数据包到相应的端口和网络。

路由器和交换机一样，也有不同的配置模式，在一般用户模式输入“enable”进入特权用户模式：

```
Router>enable
Router#show interface
```

命令“show interface”查看路由器所用端口的配置情况，路由器采用“x/y”的形式标识一个端口，其中 x 代表是第几个模块，y 代表是该模块的第几个端口。路由器除了和交换机一样有 Ethernet 端口连接局域网外，还有 Serial 口连接广域网。

```
Router#config
Router_config#hostname RouterA          ! 修改主机名
RouterA_config#interface f1/0           ! 配置 interface f1/0 接口
RouterA_config_f1/0#ip address 192.168.2.1 255.255.255.0
                                        ! 为接口设置 IP
RouterA_config_f1/0#no shutdown         ! 启用特定接口
RouterA_config_f1/0#exit                ! 返回到上一个模式
RouterA#show interface f1/0             ! 查看 f1/0 接口信息
RouterA#delete                          ! 恢复出厂设置
RouterA#reboot                          ! 重新启动
```

交换机和路由器都支持命令的不完全匹配，在不会产生歧义的情况下，可以只敲出命令的前几个字符，如：“interface ethernet 0/0/1”可以简写为“int e0/0/1”。另外，输入命令时按“Tab”键也可以把命令补充完整。为交换机划分 VLAN，为交换机和路由器的接口配置 IP 地址，这些都是交换机和路由器配置中经常用到的命令，应该熟练掌握。可以用“?”查看在该配置模式下可以输入的命令，如“show ?”查看可以跟在“show”后面的命令。

1.7 注意事项

每次做完实验后应通过“show running-config”命令查看配置结果，并保存该结果。

截取每个实验的主要结果图，以便在综合实验报告中使用。

实验室每台 PC 机都有三个网卡，其中一个用于连接校园网，一个用于实验。实验时应先将设备都配置好，然后禁用校园网连接，启动实验网连接，再进行连线。同时存在多个网络连接会给报文捕获带来不必要的麻烦。

测试网络连通性之前先把系统自带的防火墙禁用，否则可能测试不通。

如果计算机工作不正常，可以在系统启动时按“Ctrl”+“R”键恢复。

对网络设备的配置是独享排他方式，不要 2 人同时配置一台设备。

在捕获报文时，应关闭无关的应用程序运行窗口，减少无用报文产生。

第 2 章　组网实验

2.1　实验目的

掌握用路由器、交换机进行简单组网的方法，理解交换机、路由器的工作原理。

2.2　实验内容

使用路由器和交换机进行组网，实现各 PC 间的互联互通。

2.3　实验环境与分组

(1)路由器 1 台，交换机 2 台。

(2)每组 2～4 名同学，每人一台 PC，协同进行实验。

2.4　实验组网

图 2－1 给出了本实验的实验组网示意图，鼓励各小组灵活自定义 IP 地址分配。

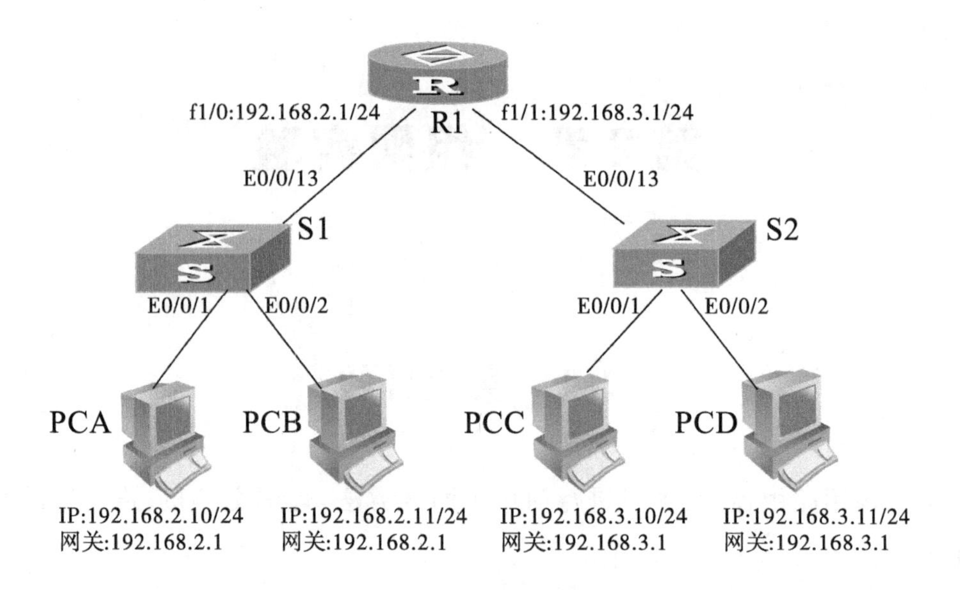

图 2-1 组网实验示意图

2.5 实验步骤

步骤 1:按照图 2-1 连接好设备,设置各 PC 的 IP 地址和默认网关。

步骤 2:配置路由器 R1 的接口 IP 地址,f1/0 接口的配置命令如下:

```
Router#config
Router_config#interface f1/0
Router_config_f1/0#ip address 192.168.2.1 255.255.255.0
Router_config_f1/0#no shutdown
Router#show interface f1/0
```

参照 f1/0 接口的配置命令配置 f1/1 接口。

2.6 实验结果及分析

(1)在实验 1 的现场检查单上画出实验拓扑图,标明使用的设备(如 1#DCR-3680)、设置的接口及 IP 地址。

(2)在各台 PC 上使用 ping 命令检查网络连通情况,在表 2-1 中记录结果。

表 2-1　组网实验测试结果

网段	操作	所用命令	能否 ping 通
同一网段中	PCA ping PCB		
	PCC ping PCD		
不同网段中	PCB ping PCC		
	PCD ping PCA		

(3)用"show ip route"查看 R1 的路由表,分析不同网段是否互通的原因,体会网关的作用。

2.7　互动讨论主题

(1)设备配置的命令和目的;

(2)网络互通的原理及跨越的设备;

(3)网关的概念及作用;

(4)路由表的形成及使用。

2.8　进阶自设计实验

设:PCA 的 IP 地址为 192.168.1.X;PCB 的 IP 地址为 192.168.2.X。

要求用一台交换机和一台路由器完成 PCA 和 PCB 的组网。将组网拓扑和测试结果写在现场检查单背面,并说明理由。

第3章　以太网链路层协议分析实验

3.1　实验目的

了解 IEEE802.3 标准规定的 MAC 层帧结构和 TCP/IP 的主要协议及协议的层次结构。

3.2　实验内容

通过对截获的帧进行分析，分析和验证 IEEE802.3 标准规定的 MAC 层帧结构，了解 TCP/IP 的主要协议和协议的层次结构。

3.3　实验原理

以太网是一种计算机局域网技术，它采用一种带冲突检测的载波监听多路访问协议(CSMA/CD)的媒体接入方法。1980 年，IEEE802 委员会制定了局域网相关技术标准。几年后，IEEE802 委员会公布了一个稍有不同的标准集，其中 802.3 针对整个 CSMA/CD 网络，802.4 针对令牌总线网络，802.5 针对令牌环网络；此三种网络中帧的通用部分由 802.2 标准定义，也就是我们熟悉的 802 网络共有的逻辑链路控制(LLC)。以太网 2.0 版由 DEC、Intel 和 Xerox 公司联合开发，它与 IEEE802.3 兼容。

以太网和 IEEE802.3 协议通常由接口卡(网卡)或主电路板上的电路实现。以太网电缆协议规定用收发器将电缆连到网络物理设备上。收发器执行物理层的大部分功能，其中包括冲突检测，收发器电缆将收发器连接到工作站上。

Ethernet II 类型以太网帧格式如下：

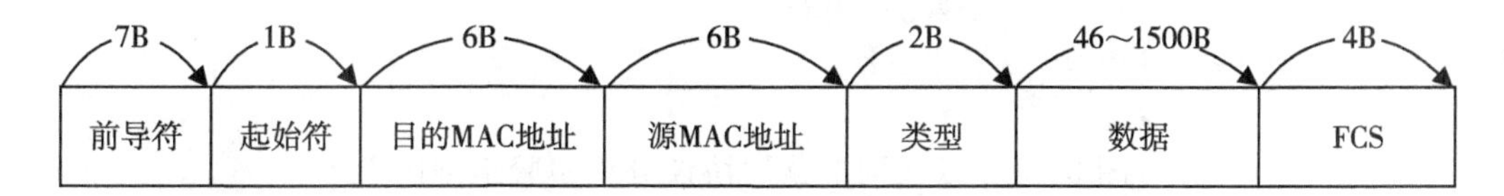

Ethernet II 类型以太网帧的最小长度为 64 字节(6＋6＋2＋46＋4)，最大长度为 1518 字节(6＋6＋2＋1500＋4)。其中前 12 字节分别标识出发送数据帧的源节点 MAC 地址和接收数据帧的目标节点 MAC 地址。接下来的 2 个字节标识出以太网帧所携带的上层数据类型，如十六进制数 0x0800 代表 IP 协议数据，十六进制数 0x809B 代表 AppleTalk 协议数据，十六进制数 0x8138 代表 Novell 类型协议数据等。在不定长的数据字段后是 4 个字节的帧校验序列(Frame Check Sequence，FCS)，采用 32 位循环冗余校验(Cyclic Redundancy Check，CRC)对从“目的 MAC 地址”字段到“数据”字段的数据进行校验。

3.4　实验环境与分组

(1)DCRS－5650 交换机 1 台。

(2)在实验网卡上配置 NWLink IPX/SPX/NetBIOS 协议，启动 Windows XP上的 Message 服务(Win7 无 Message 服务)。

(3)每组 2 名同学，共同配置 1 台交换机。

3.5　实验组网

图 3－1 给出了本实验的实验组网示意图，鼓励各小组灵活自定义 IP 地址分配。

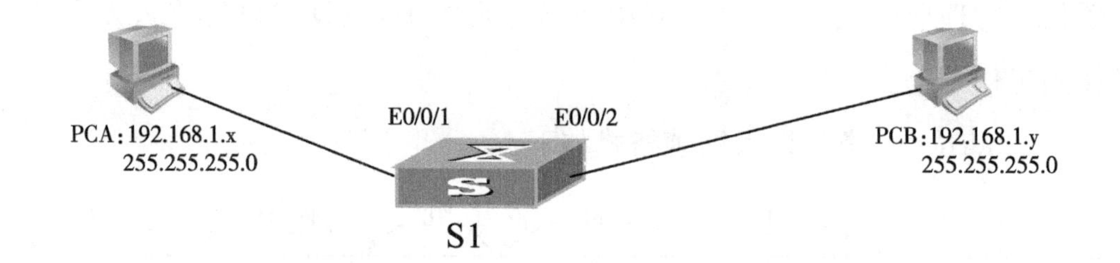

图 3－1　以太网链路层协议分析实验组网图

3.6　实验步骤

步骤 1:按照图 3－1 连接好设备,配置 PCA 和 PCB 的 IP 地址,将交换机的配置清空。

步骤 2:在 PCA 和 PCB 上运行 Ethereal 截获报文。确保 PC 机上 Message 服务已经启动,然后进入 PCA 的命令行窗口,执行命令:

net send 192.168.1.y hello　　! 在 Win7 中使用 ping 命令

这是 PCA 向 PCB 发送消息,等到 PCB 显示收到消息后,终止截获报文。

3.7　实验结果及分析

(1)分析发送消息的报文,填写表 3－1。

表 3－1　报文分析

Ethernet II 协议树中	Source 字段值	
	Destination 字段值	
Internet Protocol 协议树中	Source 字段值	
	Destination 字段值	

(2)观察实验中得到的 Ethernet II 以太网帧格式,分析其与 IEEE802.3 标准帧格式的差别并解释原因。

3.8　互动讨论主题

(1)Ethernet 与 IEEE802.3 数据链路层协议区别;

(2)链路层的报文特点;

(3)链路层主要字段含义;

(4)实验用到的 NBSS 和 SMB 协议;

(5)各协议层地址的含义和表示方法。

3.9　进阶自设计实验

(1)在 http://www.raspppoe.com/下载 RASPPPOE 免费的 PPPoE 驱动及服务软件,2 人一组在现有实验环境下搭建 PPPoE 环境;

(2)用 Ethereal 捕获 PPPoE 在不同阶段的报文;

(3)分析 PPP-LCP、PPP-CHAP、PPP-IPCP 和链接终止报文;

(4)了解 PPPoE 在哪些网络接入方式中采用。

第4章 VLAN的配置与分析实验

4.1 实验目的

了解VLAN的作用，掌握在一台交换机上划分VLAN的方法和跨交换机的VLAN的配置方法。掌握Trunk端口的配置方法，了解VLAN数据帧的格式、VLAN标记添加和删除的过程。

4.2 实验内容

首先在一台交换机上划分VLAN，用ping命令测试连通性。然后在交换机上配置Trunk端口，测试在同一VLAN和不同VLAN中设备的连通性。配置端口镜像，截获VLAN数据帧，分析VLAN数据帧的格式和VLAN标记添加与删除的过程。

4.3 实验原理

以太网交换机在数据链路层上基于端口进行数据转发，使得冲突域被缩小到交换机的每一个端口。但是交换机的所有端口都在同一个广播域，当网络内主机数量急剧增加时，大量的广播报文将引起网络性能恶化。为了将大的广播域隔离成多个较小的广播域，引入了VLAN技术。在VLAN技术中，规定凡是具有VLAN功能的交换机在转发数据报文时，都需要确认该报文属于某一个VLAN，并且该报文只能被转发到属于同一个

VALN 的端口或主机，不同 VLAN 间不能通信。VLAN 的划分有很多种，我们可以按照 IP 地址来划分、按照端口来划分、按照 MAC 地址划分或者按照协议来划分。其中基于端口划分的方法是最普遍使用的，也是目前所有交换机都支持的一种划分方法。

1. IEEE802.1q 以太网帧格式

IEEE802.1q 标准规定了 VLAN 技术，802.1q 标准规定在原有的标准以太网帧格式中增加一个 tag 标志域，用于标识数据帧所属的 VLAN ID，其帧格式如下：

所占位	48	48	16	3	1	12	16		32
域名	目的地址	源地址	8100	Priority	CFI	VLAN	类型	数据	FCS

与标准以太网帧比较，VLAN 帧增加了 4 字节的 tag 域，包含以下字段：

8100：16 位恒定值域，指明这个帧包含 802.1q 标签。

Priority：3 位，定义用户优先级。

CFI：规范格式指示，指示是否包含 VLAN 标签。

VLAN：12 位的 VLAN 域用来识别标记帧属于哪一个 VLAN。

2. 以太网端口的三种链路类型

目前的主机都不支持带有 tag 域的帧，因此交换机要对连接上主机端口的数据包执行封装和去封装操作。根据交换机处理 VLAN 数据帧的不同，可以将交换机端口分为三类。

(1) Access 类型的端口

该类型的端口只能属于 1 个 VLAN，一般用于连接计算机。进入 Access端口的数据，端口根据自己的缺省 VLAN ID 对帧进行封装，从 Access端口转发出去的数据帧则被去掉封装，变成普通的以太网数据帧。

(2) Trunk 类型的端口

该类型的端口可以属于多个 VLAN，可以接收和发送多个不同 VLAN

的报文,一般用于交换机之间的连接。进入 Trunk 端口的数据帧,对于已经携带 tag 域的数据,端口直接进行转发,而普通数据帧,端口用自己的缺省 VLAN ID 进行封装后再转发。

(3) Hybrid 类型的端口

该类型的端口可以属于多个 VLAN,可以接收和发送多个不同 VLAN 的报文,可以用于交换机之间的连接,也可以用于连接用户的计算机。Hybrid 端口和 Trunk 端口的不同之处在于 Hybrid 端口可以允许多个 VLAN 的报文发送时不打标签,而 Trunk 端口只允许缺省 VLAN 的报文发送时不打标签。

3. 三层交换机实现 VLAN 之间的互通

VLAN 技术将同一个 LAN 上的用户分成了逻辑上的多个 VLAN,只有同一 VLAN 的用户才能相互交换数据。但是,建设网络的最终目的是要实现网络的互联互通,三层交换机实现了 VLAN 之间的互通。在三层交换机上,VLAN 之间的互通是通过一个虚拟 VLAN 接口来实现的,即针对每个 VLAN,交换机内部维护了一个与该 VLAN 对应的接口,该接口对外是不可见的,是虚拟的,但该接口有所有物理接口所具有的特性,比如有 MAC 地址,可配置 IP 地址、最大传输单元和传输的以太网帧类型等。当交换机接收到一个数据帧时,判断是不是发给自己的,判断的依据便是查看该 MAC 地址是不是针对接收数据帧所在 VLAN 的接口 MAC 地址,如果是,则进行三层处理,若不是,则进行二层处理。

4.4 实验环境与分组

(1) DCRS－5650 交换机 2 台。

(2) 每 2～4 人一组,共同配置 2 台交换机。

4.5　实验组网

图 4-1 给出了在一个交换机上进行 2 个 VLAN 配置的组网图，图 4-2 给出了在 2 个交换机上进行 2 个 VLAN 配置的组网图。图中的参数只作为参考，鼓励各小组灵活自定义 IP 地址等参数。

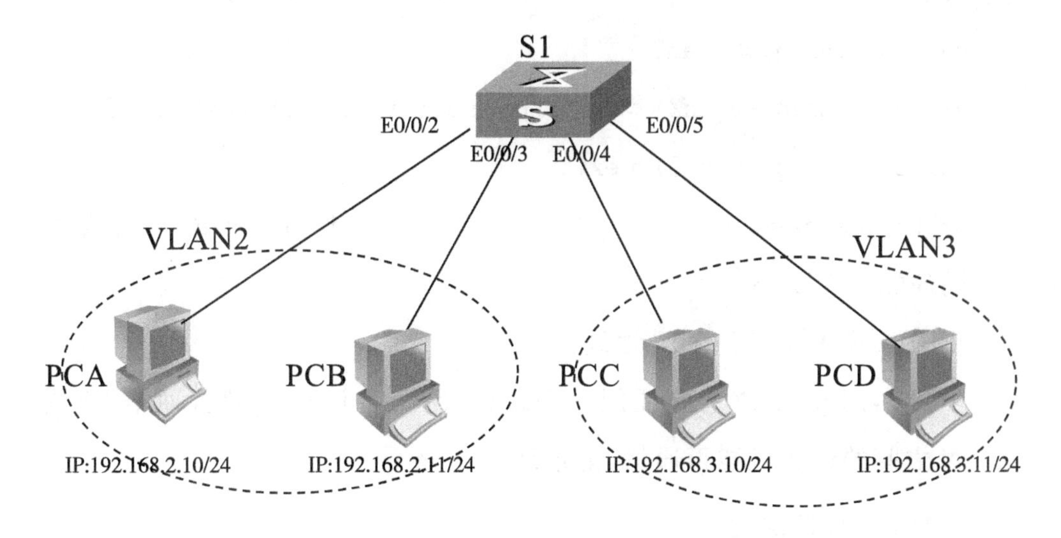

图 4-1　同一交换设备上配置 VLAN

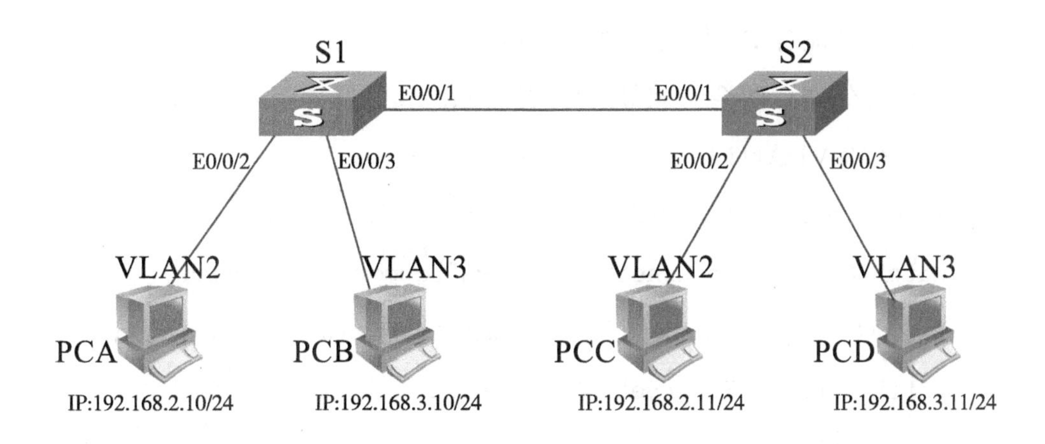

图 4-2　利用 Trunk 端口在 2 台交换设备上配置 VLAN

4.6 实验过程及结果分析

1. VLAN 的基本配置

步骤 1:按图 4－1 所示连接好设备,为交换机划分 VLAN,VLAN2 配置参考命令如下:

```
switch(Config)#vlan2
switch(Config-vlan2)#switchport interface Ethernet 0/0/2-3
switch(Config-vlan2)#exit
switch#show vlan                          ! 查看 vlan 配置信息
```

同理配置 VLAN3。

步骤 2:设置各 PC 的 IP 地址。

步骤 3:用 ping 命令验证同一 VLAN 的两台计算机能否通信,不同 VLAN 之间的计算机能否通信,记录结果。

2. Trunk 端口配置

步骤 4:按照图 4－2 连接好设备,配置各台计算机的 IP 地址。为交换机 S1、S2 各自划分 VLAN2 和 VLAN3。配置命令同上。

步骤 5:验证各 PC 机之间能否 ping 通。

步骤 6:分别在两台交换机上配置 Trunk 端口,并且将 Trunk 端口加入 VLAN2 和 VLAN3 中。参考配置命令如下:

```
switch(Config)#interface ethernet 0/0/1
switch(Config-Ethernet0/0/1)#switchport mode trunk
switch(Config-Ethernet0/0/1)#switchport trunk allowed vlan all
switch(Config-Ethernet0/0/1)#exit
switch#show vlan
```

测试交换机 S1、S2 上相同 VLAN 和不同 VLAN 之间是否可以 ping 通,记录结果,分析原因。

3. VLAN tag 标记的分析

步骤 7：在交换机 S1 上配置端口镜像，将 E0/0/1 和 E0/0/2 端口镜像到端口 E0/0/3。E0/0/1 端口镜像到端口 E0/0/3，配置命令如下：

```
switch(Config)#monitor session 1 source interface ethernet 0/0/1 both
switch(Config)#monitor session 1 destination interface ethernet 0/0/3
```

同理将 E0/0/2 端口镜像到端口 E0/0/3。

在 4 台 PC 上运行 Ethereal 截获报文，验证 PCA ping PCC 能否 ping 通。在 PCB 上截获含有 802.1q 标记的报文，对各 PC 上截获的报文进行比较分析，记录结果，并分析原因，填写表 4－1。

表 4－1　跨交换机 VLAN 实验(PCA ping PCC)

转发过程及方向	VLAN 标记值（只填写观察到的）	标记出现与否的原因
PCA→S1		
S1→S2		
S2→PCC		

4. VLAN 间通信

步骤 8：在 4 台计算机上都运行 Ethereal 截获报文，执行 PCC ping PCD，观察能否 ping 通，对各计算机截获的报文进行综合分析，说明原因。

步骤 9：在交换机 S1 上配置 VLAN2 和 VLAN3 的接口 IP 地址，VLAN2 的接口 IP 地址为 192.168.2.1/24，VLAN3 的接口 IP 地址为 192.168.3.1/24。VLAN2 的 IP 配置参考命令如下：

```
switch(Config)#interface vlan 2
switch(Config-If-Vlan2)#ip address 192.168.2.1 255.255.255.0
switch(Config-If-Vlan2)#no shutdown
switch(Config-If-Vlan2)#exit
```

同理配置 VLAN3 的 IP 地址。

步骤 10:配置 PCA 和 PCC 的网关为 192.168.2.1,配置 PCB 和 PCD 的网关为 192.168.3.1。执行 PCC ping PCD,观察能否 ping 通,说明原因。

4.7 互动讨论主题

(1)交换设备与 VLAN 配置;

(2)交换设备端口类型与镜像口;

(3)路由表生成方法;

(4)路由表的使用;

(5)VLAN 标志出现与否的原因。

4.8 进阶自设计实验

在完成实验步骤 10 后,在 PCC 上 ping PCD,根据在 PCB 上得到的报文,观察 ICMP 请求报文和响应报文的传输过程(经过的设备端口)和 VLAN 标记的携带情况,解释其原因。

第 5 章　ARP 协议分析实验

5.1　实验目的

分析 ARP 协议报文首部格式，分析 ARP 协议在同一网段内和不同网段间的解析过程。

5.2　实验内容

通过在位于同一网段和不同网段的主机之间执行 ping 命令，截获报文，分析 ARP 协议报文结构，并分析 ARP 协议在同一网段和不同网段间的解析过程。

5.3　实验原理

ARP 即地址解析协议，它工作在数据链路层，在本层和硬件接口联系，同时对上层提供服务。IP 数据包常通过以太网发送，以太网设备并不识别 32 位 IP 地址，它们是以 48 位以太网地址传输以太网数据包。因此，必须把 IP 目的地址转换成以太网目的地址。在以太网中，一个主机要和另一个主机进行直接通信，必须要知道目标主机的 MAC 地址。但这个目标 MAC 地址是如何获得的呢？它就是通过地址解析协议获得的。ARP 协议用于将网络中的 IP 地址解析为目的硬件地址（MAC 地址），以保证通信顺利进行。

1. ARP 的报文格式

下表是以太网上 ARP 报文的格式。

所占字节	2	2	1	3	1	6	4	6	4
域名	硬件类型	协议类型	硬件地址长度	协议长度	OP	发送者硬件地址	发送者IP	目的硬件地址	目的IP

ARP 首部

硬件类型字段指明了发送方想知道的硬件接口类型，以太网的值为 1。协议类型字段指明了发送方提供的高层协议类型，IP 协议为 0800（十六进制）。硬件地址长度和协议长度字段指明了硬件地址和高层协议地址的长度，这样 ARP 报文就可以在任意硬件和任意协议的网络中使用。操作字段 OP 用来表示这个报文的目的：ARP 请求为 1；ARP 响应为 2；RARP 请求为 3；RARP 响应为 4。

2. ARP 的工作原理

(1)首先，每台主机都会在自己的 ARP 缓冲区（ARP Cache）中建立一个 ARP 列表，以表示 IP 地址和硬件地址的对应关系。

(2)当源主机需要将一个数据包发送到目的主机时，会首先检查自己 ARP 列表中是否存在该 IP 地址对应的硬件地址，如果有，就直接将数据包发送到这个硬件地址；如果没有，就向本地网段发起一个 ARP 请求的广播包，查询此目的主机对应的硬件地址。此 ARP 请求数据包里包括源主机的 IP 地址、硬件地址，以及目的主机的 IP 地址。

(3)网络中所有的主机收到这个 ARP 请求后，会检查数据包中的目的 IP 是否和自己的 IP 地址一致。如果不相同就忽略此数据包；如果相同，该主机首先将发送端的硬件地址和 IP 地址添加到自己的 ARP 列表中，如果 ARP 表中已经存在该 IP 的信息，则将其覆盖，然后给源主机发送一个

ARP 响应数据包，告诉对方自己是它正在查找的硬件地址。

(4)源主机收到这个 ARP 响应数据包后，将得到的目的主机的 IP 地址和硬件地址添加到自己的 ARP 列表中，并利用此信息开始数据的传输。如果源主机一直没有收到 ARP 响应数据包，表示 ARP 查询失败。

ARP 在同一网段和不同网段解析过程有所不同，以上几步说明了目的地址与源地址在同一网段时的解析过程。当不在同一网段时，主机首先查询的是它的默认网关的硬件地址，数据包也是先送到默认网关。

5.4 实验环境与分组

(1)DCRS-5650 交换机 1 台。

(2)每 2 名同学一组，共同使用一台交换机，注意交换机上已经保存的设置，必要时进行设备初始化。

5.5 实验组网

图 5-1 和图 5-2 给出本实验相同和不同网段的组网图，用于观察 ARP 在同一网段和不同网段解析过程。图中的参数只作为参考，鼓励各小组灵活自定义 IP 地址等参数。

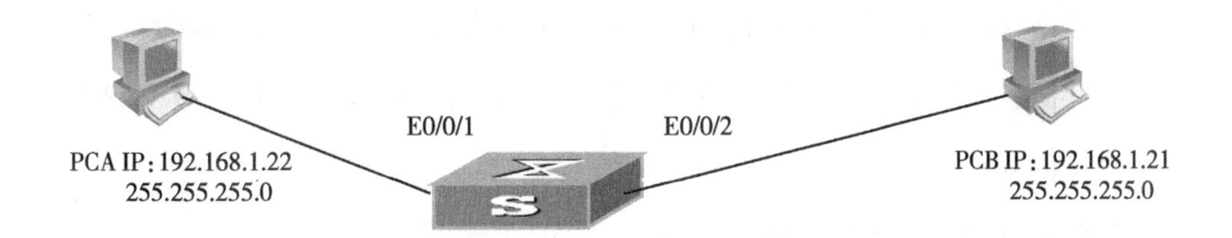

图 5-1 ARP 协议实验组网图(同一网段)

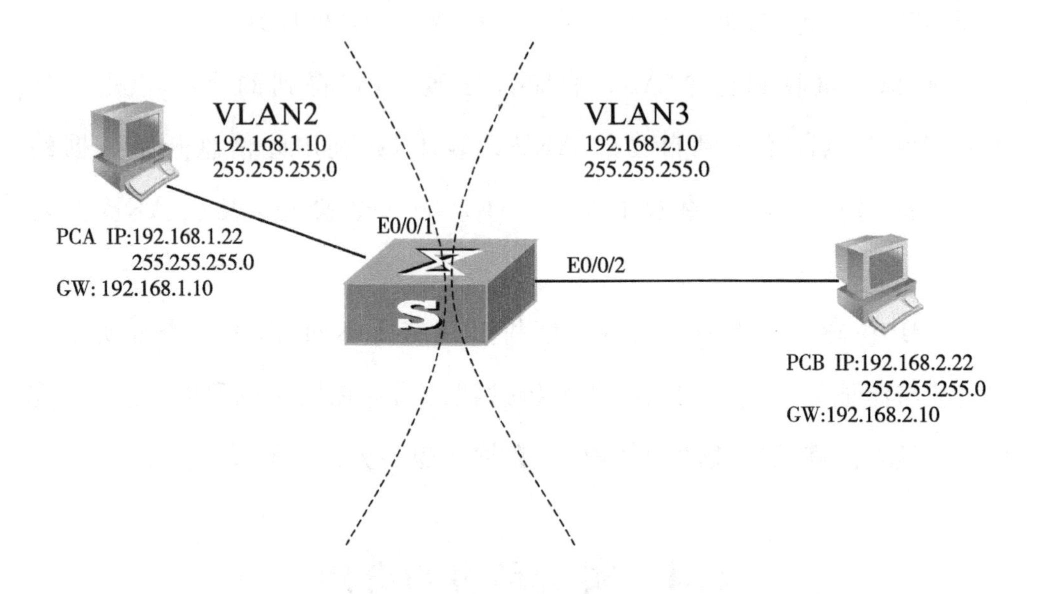

图 5-2 ARP 协议分析实验组网图(不同网段)

5.6 实验过程及结果分析

1. 同一网段的 ARP 协议分析

步骤 1:按照图 5-1 所示连接设备,配置计算机的 IP 地址。

步骤 2:在 PCA、PCB 的命令行窗口执行命令:

执行"arp -a"观察 arp 缓存;

执行"arp -d"清空 arp 缓存。

步骤 3:在 PCA、PCB 上运行 Ethereal 截获报文;在 PCA 的命令行窗口执行"ping 192.168.1.21"。执行完之后,停止 PCA、PCB 上报文截获。分析截获的报文。

步骤 4:在命令行窗口执行"arp -a",记录结果。

2. 不同网段的 ARP 协议分析

步骤 5:按照图 5-2 所示连接设备,为交换机划分 VLAN,为 PC 机配置 IP

地址,并用 VLAN 的 IP 地址作为网关(VLAN 配置参照第 4 章实验内容)。

步骤 6:首先执行“arp - d”清空缓存。在 PCA、PCB 上运行 Ethereal 截获报文,执行命令“ping 192.168.2.22”。

步骤 7:执行“arp - a”命令,记录结果。

步骤 8:对两次截获的报文进行比较分析。分别从两次截获的报文中选中第一条 ARP 请求报文和第一条应答报文,填写表 5 - 1。

表 5 - 1　ARP 请求报文和应答报文的字段信息

字段	请求报文的值	应答报文的值
以太网链路层 Destination 项		
以太网链路层 Source 项		
ARP 报文发送者硬件地址		
ARP 报文发送者 IP 地址		
ARP 报文目标硬件地址		
ARP 报文目标 IP 地址		

比较 ARP 协议在不同网段和相同网段内解析过程的异同。

5.7　互动讨论主题

(1)PC、网关设备的硬件地址;

(2)链路层地址与 ARP 协议的地址区别;

(3)发送方与接收方 ARP 与 ICMP 报文出现的次序及成因;

(4)ARP 生存时间与报文格式。

5.8　进阶自设计实验

参照图 5 - 2,设计能捕获无偿 ARP 报文的实验,进行该实验并分析捕获的无偿 ARP 报文。

第6章　IP协议分析实验

6.1　实验目的

了解直连路由、非直连路由、静态路由和动态路由的含义及形成方式，分析 IP 报文格式、IP 地址的分类和 IP 层的路由功能。

6.2　实验内容

捕获并分析 IP 协议报文格式；理解 IP 地址的编址方法和数据报文发送、转发的过程；了解 IP 数据分段、重组标识及偏移量；分析路由表的结构和作用。

6.3　实验原理

1. IP 协议的数据包格式(RFC 791)

IP 协议是在网络层的协议，它主要完成数据包的发送作用。图 6－1 是 IP 协议的数据包格式。

<table>
<tr><td>4 bits</td><td>8 bits</td><td>16 bits</td><td colspan="2">32 bits</td></tr>
<tr><td>版本 Version</td><td>首部长度(IHL)</td><td>服务类型(Type of Service)</td><td colspan="2">总长度(Total Length)</td></tr>
<tr><td colspan="3">标识(Identification)</td><td>标志(Flags)(3)</td><td>片偏移(Fragment Offset)</td></tr>
<tr><td colspan="2">生存时间(Time to live)</td><td>协议(Protocol)</td><td colspan="2">首部检验和(Header Checksum)</td></tr>
<tr><td colspan="5">源 IP 地址(Source Address)</td></tr>
<tr><td colspan="5">目的 IP 地址(Destination Address)</td></tr>
<tr><td colspan="5">选项(Option)</td></tr>
<tr><td colspan="5">数据(Data)</td></tr>
</table>

图 6－1　IP 协议的数据包格式

在图 6－1 中，标志 Flags 由 O、Df 和 Mf 三位构成，用于 IP 数据的 IP 数据分段、重组标识。协议字段确定在数据包内传送的上层协议，和端口号类似，IP 协议用协议号区分上层协议。TCP 协议的协议号为 6，UDP 协议的协议号为 17；ICMP 协议的协议号为 1，IGMP 协议的协议号为 2，EGP 协议的协议号为 8，IPv6 协议的协议号为 41，OSPF 协议的协议号为 89。

在 IPv4 协议中，IP 地址是给每个连接在因特网上的主机分配一个全球范围内唯一的 32 位标识符，IP 地址采用“网络前缀”＋“主机号”的编址方式。IP 协议是根据路由来转发数据的。

2. 直连路由和非直连路由，静态路由和动态路由

路由器中的路由有两种：直连路由和非直连路由。路由器各网络接口所直连的网络之间使用直连路由进行通信。直连路由是在配置完路由器网络接口的 IP 地址后自动生成的，因此，如果没有对这些接口进行特殊的限制，这些接口所直连的网络之间就可以直接通信。由两个或多个路由器互联的网络之间的通信使用非直连路由。非直连路由是指人工配置的静态路由或通过运行动态路由协议而获得的动态路由。其中静态路由比动态路由具有更高的可操作性和安全性。IP 网络协议已经逐渐成为现代网络的标准，用 IP 协议组建网络时，必须使用路由设备将各个 IP 子网互联起来，并且在 IP 子网间使用路由机制，通过 IP 网关互联形成层次性的网际网。

6.4 实验环境与分组

(1)交换机 1 台。

(2)每 2 名同学一小组,共同配置 1 台三层交换机,采用 VLAN 方式构建 2 个互通的网段。

6.5 实验组网

图 6-2 是本实验的组网图,图中的参数只作为参考,鼓励各小组灵活自定义 IP 地址等参数。

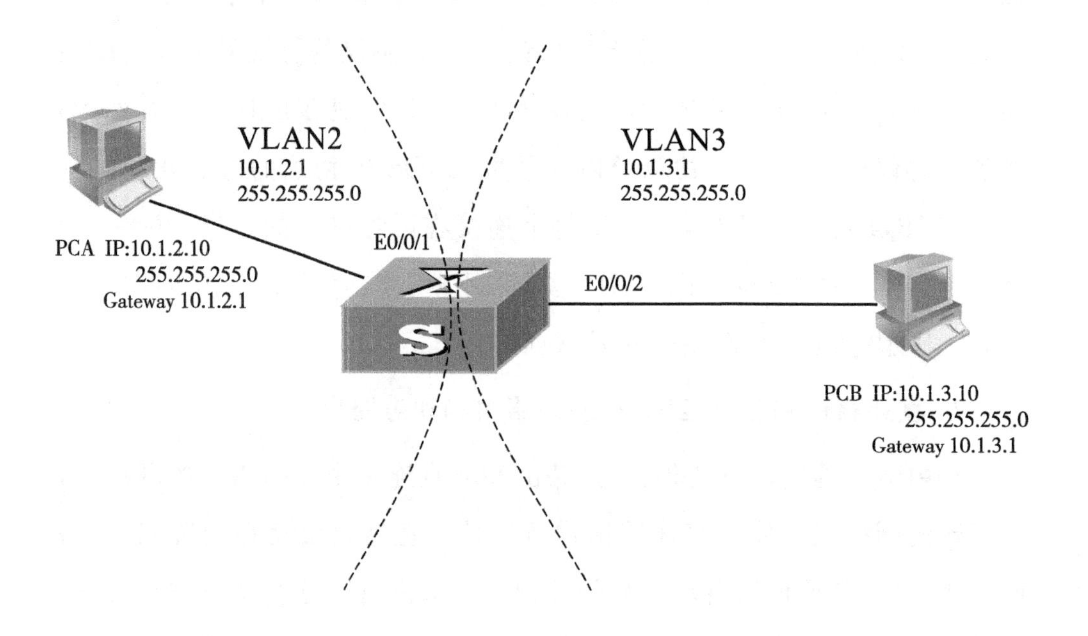

图 6-2 IP 协议分析组网图

6.6　实验过程及结果分析

步骤 1:按照图 6-2 为交换机划分 VLAN,设置 PC 机 IP 地址。

步骤 2:首先将 PCA 上的子网掩码配置为 255.255.0.0,在 PCA 和 PCB 上运行 Ethereal 进行报文截获,然后执行 PCA ping PCB,观察能否 ping 通,结合截获的报文分析原因。思考如果将 VLAN2、VLAN3、PCB 的子网掩码也配置为 255.255.0.0,又会如何?

步骤 3:将 PCA 的子网掩码恢复为 255.255.255.0,测试连通性。

步骤 4:分析所截获的 ICMP 报文中的 IP 协议部分,分析 IP 报文结构。

6.7　互动讨论主题

(1)IP 报文封装格式及长度;

(2)IP 报文中标志 ID 和 flag 等主要字段的作用和区别;

(3)IP 报文是如何从发送方到达接收方;

(4)路由表的形成及使用。

6.8　进阶自设计实验

在图 6-2 基础上,设计一个能得到 IP 数据分段、重组标识的实验,写出原理、方法和主要步骤,分析得到的 IP 报文序列,解释数据分段、重组的过程和原因。

第7章 TCP协议分析实验

7.1 实验目的

理解 TCP 报文首部格式和字段的作用,TCP 连接的建立和释放过程,TCP 数据传输中的编号与确认的过程。

7.2 实验内容

应用 TCP 应用程序传输文件,截获 TCP 报文,分析 TCP 报文首部信息、TCP 连接的建立和释放过程、TCP 数据的编号与确认机制。

7.3 实验原理

1. TCP 协议的数据包格式(RFC793)

TCP 协议工作在网络层之上,是一个面向连接的、端到端的、可靠的传输层协议。TCP 的报文格式如图 7-1 所示。

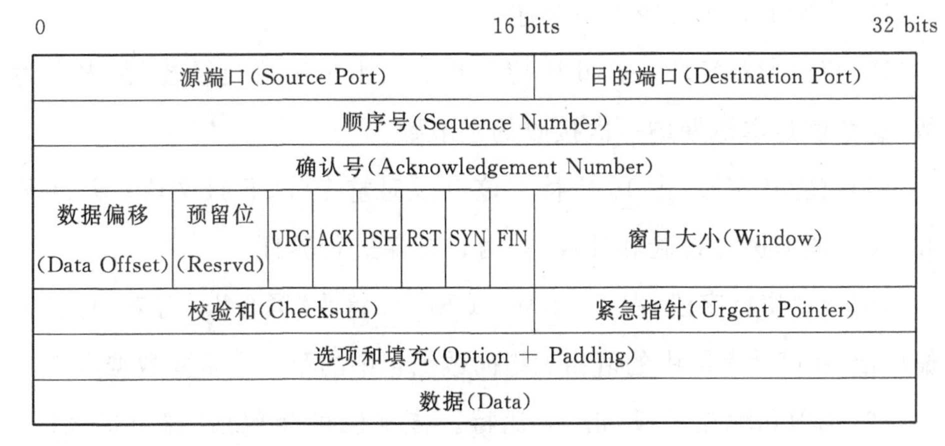

图 7-1　TCP 报文格式

(1)源端口标识主机上发起传送的应用程序,目的端口标识主机上传送要到达的应用程序。源端和目的端的端口号,用于寻找发端和收端应用进程。这两个值加上 IP 首部中的源端 IP 地址和目的端 IP 地址唯一确定一个 TCP 连接。

(2)顺序号字段:占 32 比特,用来标识从 TCP 源端向 TCP 目标端发送的数据字节流,它表示在这个报文段中的第一个数据字节。

(3)确认号字段:占 32 比特,只有 ACK 标志为 1 时,确认号字段才有效。它包含目标端所期望收到源端的下一个数据字节。

(4)数据偏移字段:占 4 比特,给出头部占 32 比特的数目,同时也指出数据的开始。没有任何选项字段的 TCP 头部长度为 20 字节,最多可以有 60 字节的 TCP 头部。

(5)预留位:由跟在数据偏移字段后的 6 位构成,预留位通常为 0。

(6)控制标志位(U、A、P、R、S、F):占 6 比特。各比特的含义见(7)~(12)。

(7)URG(Urgent Pointer):紧急指针标志,用于将输入数据标识为"紧急"。

(8)ACK(Acknowledgement):确认数据包的成功接收。

(9)PSH(Push):如紧急指针为 1,接收方应该尽快将这个报文交给应用层。

(10)RST(Reset):重建连接。

(11)SYN(Synchronization):发起一个连接。

(12)FIN(Finish):释放一个连接。

(13)窗口大小字段:占 16 比特。此字段用来进行流量控制,内容为字节数,这个值是本机期望一次接收的字节数。

(14)校验和字段:占 16 比特。该字段对整个 TCP 报文段,即 TCP 头部和 TCP 数据进行校验和计算,并由目标端进行验证。

(15)紧急指针字段:占 16 比特。URG 设置为"紧急"时有效,它是一个正偏移量,和序号字段中的值相加指向数据包中的第一个重要数据字节。

(16)选项和填充字段:占 32 比特。该字段可能包括"窗口扩大因子""时间戳"等选项。

2. TCP 连接的建立与释放

TCP 连接的建立采用了三次握手方式,连接的释放则是四次握手,TCP 连接的建立和释放的过程如图 7-2 所示。

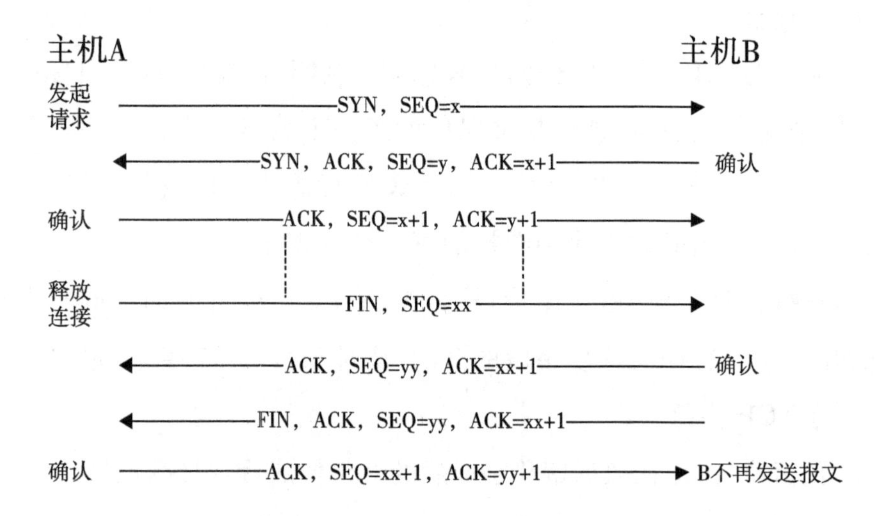

图 7-2 TCP 连接的建立和释放过程

7.4 实验环境与分组

(1)路由器 1 台,交换机 1 台。

(2)每 2 名同学一组,共同配置 1 台路由器。

(3)使用 TCP 协议测试软件,Ethereal 报文捕获软件。

7.5　实验组网

图 7－3 是本实验的组网图,图中的参数只作为参考,鼓励各小组灵活自定义 IP 地址等参数。

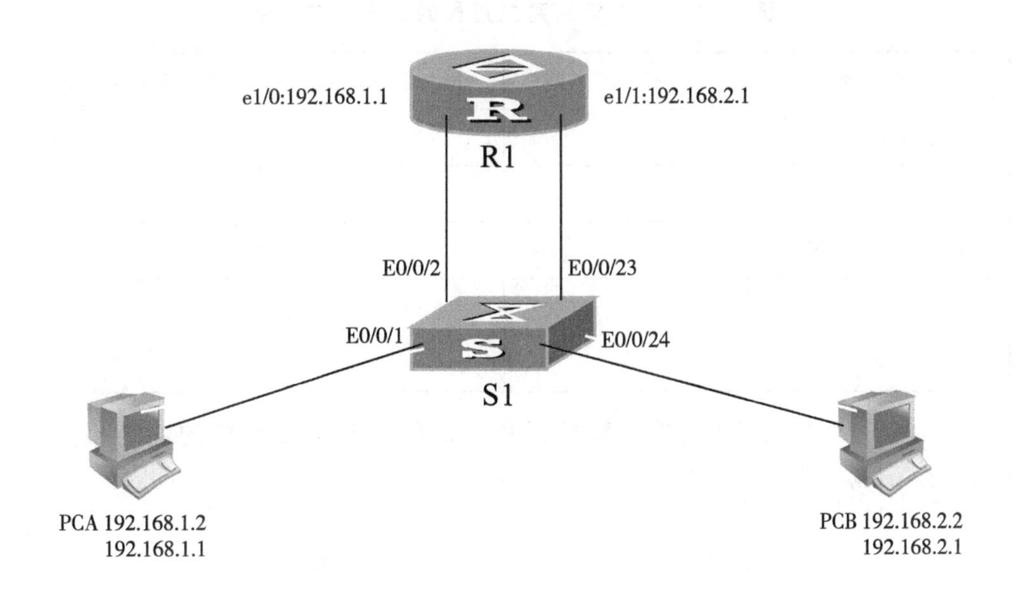

图 7－3　TCP 协议分析实验组网图

7.6　实验过程及结果分析

步骤 1:按图 7－3 所示连接设备,为 PC 和路由器接口配置 IP 地址。路由器 e1/0 接口的配置命令如下:

```
Router#config
Router_config#interface e1/0
Router_config_e1/0#ip address 192.168.2.1 255.255.255.0
```

```
Router#show interface e1/0
```

路由器 e1/1 接口的配置同上。

步骤 2:在 PCA 和 PCB 上运行 Ethereal,开始截获报文。

步骤 3:在 PCA 和 PCB 上分别运行 TCP 协议测试软件,发送和接收一个 300KB 的文件。文件传输完成后,停止报文截获。

步骤 4:观察截获的报文,分析 TCP 协议建立过程的三个报文并填写表 7-1。

表 7-1 TCP 连接建立过程的三个报文信息

字段名称	第一条报文的值	第二条报文的值	第三条报文的值
捕获的报文序号			
Sequence Number			
Acknowledgement Number			
ACK			
SYN			

步骤 5:分析 TCP 连接的释放过程,选择 TCP 连接释放的四个报文并填写表 7-2。

表 7-2 TCP 连接释放的四个报文信息

字段名称	第一条报文的值	第二条报文的值	第三条报文的值	第四条报文的值
捕获的报文序号				
Sequence Number				
Acknowledgement Number				
ACK				
FIN				

步骤 6:分析 TCP 数据传送阶段的报文。

7.7　互动讨论主题

(1)TCP 握手和连接解除报文的理解；

(2)传输层窗口值变化的成因；

(3)传输层与上下相邻层的关系；

(4)报文的传输与确认对应关系。

7.8　进阶自设计实验

在图 7-3 基础上，设计一个能得到 UDP 数据的实验，写出主要步骤，分析得到的 UDP 报文序列，比较与 TCP 报文的区别(注：可以考虑 DNS 服务或视频服务)。

第8章 静态路由及RIP协议配置实验

8.1 实验目的

理解路由协议的分类,掌握静态路由和RIP协议的配置方法。

8.2 实验内容

在路由器、三层交换机上依次配置静态路由、缺省路由和RIP协议,然后分别用ping命令测试网络的连通性。

8.3 实验原理

路由器以两种基本方式构建非直连路由。一是可以使用预编程的静态路由,二是使用通过任何一种动态路由协议来动态计算的路由。路由器使用动态路由协议发现路由后,通过这些路由来转发报文。静态编程的路由器不能主动发现路由,它们缺少与其他路由器交换路由信息的任何机制。静态编程的路由器只能使用网络管理员定义的路由来转发报文。

动态路由协议按照其所执行的算法不同,可以分为距离矢量路由协议、链路状态路由协议,以及混合型路由协议。

RIP协议的全称是路由信息协议(Routing Information Protocol),它

是一种内部网关协议(Interior Gateway Protocol,IGP),用于一个自治系统(Autonomous System, AS)内的路由信息的传递。RIP 协议是基于距离矢量算法(Distance Vector Algorithms)的,它使用“跳数”,即 Metric 来衡量到达目标地址的路由距离。

RIP 协议被设计用于使用同种技术的中型网络,因此适应于大多数的校园网和使用速率变化不是很大的地区性网络。对于更复杂的环境,一般不使用 RIP 协议。

RIP 协议处于 UDP 协议的上层,RIP 所接收的路由信息都封装在 UDP 的数据报中。RIP 作为一个系统长驻进程(Daemon)存在于路由器中,它负责从网络系统的其他路由器接收路由信息,从而对本地 IP 层路由表进行动态维护,保证 IP 层发送报文时选择正确的路由,同时广播本路由器的路由信息,通知相邻路由器作相应的修改。通过这种方式,达到全局路由的有效。

8.4　实验环境与分组

(1)交换机 1 台,路由器 1 台。

(2)每 2 人一组,共同配置交换机和路由器。

8.5　实验组网

图 8-1 是本实验的组网图,图中的参数只作为参考,鼓励各小组灵活自定义 IP 地址等参数。

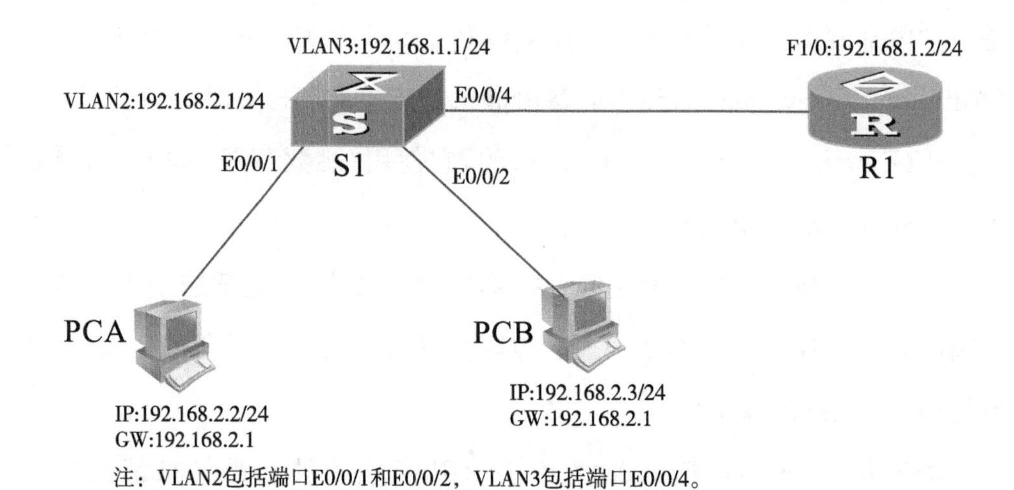

图 8－1　RIP 协议配置实验组网拓扑图

8.6　实验过程及结果分析

步骤 1:按照图 8－1 所示连接好设备,配置各 PC 的 IP 地址、子网掩码和网关。配置交换机和路由器各接口的 IP 地址。参考命令如下：

配置交换机 S1：

```
switch(Config)#vlan 2
switch(Config-vlan2)#switchport interface Ethernet 0/0/1-2
switch(Config-vlan2)#exit
switch(Config)#interface vlan 2
switch(Config-If-Vlan2)#ip address 192.168.2.1 255.255.255.0
```

同理配置 VLAN3。

配置路由器 R1：

```
Router#config
Router_config#interface f1/0
Router_config_f0/0#ip address 192.168.1.2 255.255.255.0
```

此时,2 台 PC 和 S1、R1 和 S1 之间都可以互相通信。

```
Router#show ip route                ! 查看路由表
```

在 R1 上 ping 各台 PC,看能否 ping 通,通过路由表分析原因。

步骤 2:在 R1 上配置静态路由,添加一条到 192.168.2.0/24 的静态路由。命令如下:

```
Router_config#ip route 192.168.2.0 255.255.255.0 192.168.1.1
```

在 R1 上 ping 各 PC 看能否 ping 通,查看路由表,分析原因。

步骤 3:删除步骤 2 配置的静态路由,命令如下:

```
Router_config#no ip route 192.168.2.0 255.255.255.0 192.168.1.1
```

对 S1 和 R1 分别启动 RIP 协议。

在交换机 S1 启动 RIP 协议命令:

```
switch(Config)#router rip               ! 激活 RIP 进程
switch(Config-router)#network vlan3
                                        ! 指定与 RIP 相关的网络号
switch(Config-router)#network vlan2
```

在路由器 R1 启动 RIP 协议:

```
Router_config#router rip
Router_config_rip#network 192.168.1.0 255.255.255.0
```

测试连通性,查看 S1 和 R1 的路由表信息,将 R1 的路由表信息填入表 8-1 中,分析原因。

表 8-1　路由器路由表信息

Destination/Mask	Protocol	Pref	Cost	Next Hop	Interface

注:Pref 为路由表项优先级;Cost 为路由表项代价。

8.7 互动讨论主题

(1)缺省路由、直连路由、静态路由与动态路由；

(2)RIP 构建路由的条件与好处；

(3)理解 RIP 构建的路由表；

(4)路由表的使用。

8.8 进阶自设计实验

在本实验的基础上，利用实验环境中的 2 台路由和 1 台三层交换机构建一个支持 RIP 协议的局域网络，并通过其中一台路由的 NAT(Network Address Translation，网络地址转换)协议连接到校园网。

第 9 章　RIP 报文结构分析实验

9.1　实验目的

分析掌握 RIP 报文结构及各字段的含义。

9.2　实验内容

在路由器和三层交换机上配置 RIP 协议，在计算机上使用 Ethereal 报文分析软件截获 RIP 报文，分析 RIP 协议各字段的含义。

9.3　实验原理

1. RIP 报文结构

RIP 报文可分为两类：用于请求信息的报文（Request 报文）和应答信息报文（Response 报文），它们都使用同样的格式，由固定的首部和后面可选的网络的 IP 地址和到该网络的跳数组成，RIP 版本 1（RFC 1058）的报文结构如图 9 - 1 所示，图 9 - 2 是 RIP 版本 2（RFC 2453）的报文格式。

0 8 bits 16 bits 32 bits

命令(Command)	版本(Version)	必须为0
地址类型标志符(Address Family Identifier)		必须为0
IP 地址		
必须为0		
必须为0		
跳数(Metric)		

图9-1 RIP版本1报文的格式

命令Command字段为1时表示RIP请求,为2时表示RIP应答。地址类型标志符在实际应用中总是为2,即地址类型为IP地址。"IP地址"字段表明目的网络地址,"Metric"字段表明了到达目的网络所需要的"跳数"。距离用跳数来衡量,取值范围是1～16,其中16表示无限远(不可达路由)。路由器每经过30秒发送一次Response报文,这种报文用广播方式传播。

RIP版本1对RIP报文中"版本"字段的处理:

0:忽略该报文。

1:版本1报文,检查报文中"必须为0"的字段,若不符合规定,忽略该报文。

>1:不检查报文中"必须为0"的字段,仅处理RFC 1058中规定的有意义的字段。因此,运行RIP版本1的机器能够接收处理RIP版本2的报文,但会丢失其中的RIP版本2新规定的那些信息。

RIP版本1不能识别子网网络地址,因为在其传送的路由更新报文中不包含子网掩码,因此RIP路由信息要么是主机地址,用于点对点链路的路由;要么是A、B、C类网络地址,用于以太网等的路由;另外,还可以是0.0.0.0,即缺省路由信息。

0　　8 bits　　16 bits　　32 bits

<table>
<tr><td>命令(Command)</td><td>版本(Version)</td><td>必须为 0</td></tr>
<tr><td colspan="2">地址类型标志符(Address Family Identifier)</td><td>路由标签(Route Tag)</td></tr>
<tr><td colspan="3">IP 地址</td></tr>
<tr><td colspan="3">子网掩码(Subnet Mask)</td></tr>
<tr><td colspan="3">下一跳(Next Hop)</td></tr>
<tr><td colspan="3">跳数(Metric)</td></tr>
</table>

图 9－2　RIP 版本 2 报文的格式

RIP 版本 2 使用了版本 1 中“必须为 0”的字段，增加了一些对于路由的有用信息，其主要新添的特性有：①报文中包含子网掩码，可以进行子网路由；②支持明文/MD5 验证；③报文中包含了下一跳 IP，为路由的选优提供了更多的信息。路由标签 Route Tag 用于区分或者过滤路由。

2. RIP 的更新特性

路由器最初启动时只包含了其直连网络的路由信息，并且其直连网络的 Metric 值为 1，然后它向周围的其他路由器发出完整路由表的 RIP 请求。路由器根据接收到的 RIP 应答来更新其路由表。若接收到与已有表项的目的地址相同的路由信息，则分别对待：①已有表项的来源端口与新表项的来源端口相同，那么无条件根据最新的路由信息更新其路由表；②已有表项与新表项来源于不同的端口，那么比较它们的 Metric 值，将 Metric 值较小的一个作为自己的路由表项；③新旧表项的 Metric 值相等，普遍的处理方法是保留旧的表项。

路由器每 30 秒发送一次自己的路由表(以 RIP 应答的方式广播出去)。针对某一条路由信息，如果 180 秒以后都没有接收到新的关于它的路由信息，那么将其标记为失效，即 Metric 值标记为 16。在另外的 120 秒以后，如果仍然没有更新信息，该条失效信息被删除。

9.4　实验环境与分组

(1)交换机 1 台，路由器 1 台。

(2)每 2 人一组,共同配置交换机和路由器。

9.5 实验组网

采用图 8-1 的组网图,图中的参数只作为参考,鼓励各小组灵活自定义 IP 地址等参数。

9.6 实验过程及结果分析

步骤 1:按照第 8 章实验完成配置。

步骤 2:将交换机 S1 上的 E0/0/4 端口镜像到 E0/0/1 端口。

步骤 3:停止交换机 S1 上的 RIP 协议,命令如下:

```
switch(Config)#no router rip
```

步骤 4:在 PCA 上运行 Ethereal 截获报文,然后在 S1 上启动 RIP 协议。观察截获的请求报文和应答报文,选择一条 RIP 应答报文填写在表 9-1 中,并理解其含义。

表 9-1 RIP 协议的应答报文

<table>
<tr><th colspan="2">观察点</th><th>字段</th><th>值</th><th>含义</th></tr>
<tr><td colspan="2">IP</td><td>目的地址</td><td></td><td></td></tr>
<tr><td colspan="2">UDP</td><td>端口号</td><td></td><td></td></tr>
<tr><td rowspan="5">RIP</td><td rowspan="2">头部</td><td>命令字段</td><td></td><td></td></tr>
<tr><td>版本号</td><td></td><td></td></tr>
<tr><td rowspan="3">路由信息</td><td>地址族标识</td><td></td><td></td></tr>
<tr><td>网络地址</td><td></td><td></td></tr>
<tr><td>跳数</td><td></td><td></td></tr>
</table>

9.7 互动讨论主题

(1)RIP报文如何构建路由表;

(2)RIP报文的结构;

(3)RIP报文的启动与报文形成次序的关系;

(4)RIP版本1与RIP版本2的比较。

9.8 进阶自设计实验

在R1上停止RIP协议并再次启动,观察PC上捕获的RIP报文,与表9-1中记录的报文比较,写出比较结果。

分析R1与S1之间的RIP报文交互情况,理解S1和R1两个路由器之间为构建R1中的路由表进行的RIP交换顺序及内容。

第 10 章 IPv6 组网实验

10.1 实验目的

理解 IPv6 地址结构，掌握路由器 IPv6 地址、静态路由配置方法，掌握 RIPng 配置方法与基本原理。

10.2 实验内容

IPv6 基本配置与简要分析。

10.3 实验原理

1. IPv6 的报头结构(RFC2460)

IPv6 是为了解决 IPv4 地址紧缺的问题提出来的，它在许多方面都提出了改进。相比 IPv4，IPv6 的报头更加简单和灵活。图 10-1 是 IPv6 的报头结构。

<table>
<tr><td>版本(4 位)</td><td>通信流类别(8 位)</td><td colspan="2">流标签(20 位)</td></tr>
<tr><td colspan="2">有效载荷长度(16 位)</td><td>下一个报头(8 位)</td><td>跳限制(8 位)</td></tr>
<tr><td colspan="4">源地址(128 位)</td></tr>
<tr><td colspan="4">目的地址(128 位)</td></tr>
</table>

图 10-1 IPv6 的报头结构

与 IPv4 不同的字段有：

(1)通信流类别(Traffic Class):这个 8 位字段可以为包赋予不同的类别或优先级。它类似 IPv4 的 Type of Service 字段,为差异化服务留有余地。

(2)流标签(Flow Label):源节点使用这个 20 位字段,为特定序列的包请求特殊处理。

(3)有效载荷长度(Payload Length):这个 16 位字段表明了有效载荷长度。与 IPv4 包中的 Total Length 字段不同,这个字段的值并未算上 IPv6 的 40 字节报头,计算的只是报头后面的扩展和数据部分的长度。因为该字段长 16 位,所以能表示高达 64KB 的数据有效载荷。如果有效载荷更大,则由超大包(Jumbogram)扩展部分表示。

(4)下一个报头(Next Header):这个 8 位字段类似 IPv4 中的 Protocol 字段,但有些差异。在 IPv4 包中,传输层报头如 TCP 或 UDP 始终跟在 IP 报头后面。在 IPv6 中,扩展部分可以插在 IP 报头和传输层报头当中。这类扩展部分包括验证、加密和分片功能。Next Header 字段表明了传输层报头或扩展部分是否跟在 IPv6 报头后面。如果下一个报头是 UDP 或 TCP,该字段将和 IPv4 中包含的协议号相同,例如,TCP 的协议号为 6;UDP 的协议号为 17。但是,如果使用了 IPv6 扩展报头,该字段就包含了下一扩展报头的类型,它位于 IP 报头和 TCP 或 UDP 报头之间。

2. IPv6 地址表示

IPv6 地址大小为 128 位,可以表示为 xxxx:xxxx:xxxx:xxxx:xxxx:xxxx:xxxx:xxxx,其中每个 x 代表一个 4 位的十六进制数字,中间用冒号间隔。IPv6 地址范围从 0000:0000:0000:0000:0000:0000:0000:0000 至 ffff:ffff:ffff:ffff:ffff:ffff:ffff:ffff。IPv6 地址还可以其他两种短格式指定。

(1)省略前导零:通过省略前导零指定 IPv6 地址。例如,IPv6 地址 1050:0000:0000:0000:0005:0600:300c:326b 可写为 1050:0:0:0:5:600:300c:326b。

(2)双冒号:通过使用双冒号(::)代替一系列零来指定 IPv6 地址。例如,IPv6 地址 ff06:0:0:0:0:0:0:c3 可写为 ff06::c3。一个 IP 地址中只可使用一次双冒号。

(3)RFC2373 中定义了三种 IPv6 地址类型。

①单播(Unicast)地址:一个单接口的标识符。送往一个单播地址的包将被传送至该地址标识的接口上。

②任播或泛播(Anycast)地址:一组接口(一般属于不同节点)的标识符。送往一个泛播地址的包将被传送至该地址标识的接口之一(根据选路协议对于距离的计算方法选择“最近”的一个)。

③组播多播(Multicast)地址:一组接口(一般属于不同节点)的标识符。送往一个组播地址的包将被传送至有该地址标识的所有接口上。该类地址以 FF 开头。

3. IPv6 中的地址配置

IPv6 网络的配置可以分为有状态(Stateful)和无状态(Stateless)两种类型。无状态是指 IPv6 的邻居发现和无状态自动配置协议,由 RFC2461 和 RFC2462 定义。有状态配置和 IPv4 协议保持一致,由 DHCPv6 协议来完成。

在无状态自动配置过程中,主机首先通过将它的网卡 MAC 地址附加在链路本地地址前缀 1111111010 之后,产生一个链路本地单点广播地址(如果主机采用的网卡的 MAC 地址是 48 位,那么 IPv6 网卡驱动程序会根据 IEEE 协议的一个公式将 48 位 MAC 地址转换为 64 位 MAC 地址)。接着主机向该地址发出一个被称为邻居探测(Neighbor Discovrey,RFC 3756)的请求,以验证地址的唯一性。如果请求没有得到响应,则表明主机自我设置的链路本地单点广播地址是唯一的。否则,主机将使用一个随机产生的接口 ID 组成一个新的链路本地单点广播地址。然后,以该地址为源地址,主机向本地连接中所有路由器多点广播一个被称为路由器请求(Router Solicitation)的配置信息请求,路由器以一个包含可聚合全局单点广播地址前缀和其他相关配置信息的路由器公告响应该请求。主机用它从路由器得到的全局地址前缀加上自己的接口 ID,自动配置全局地址,然后就可以与 Internet 中的其他主机通信了。

4. RIPng(RIP next generation)路由协议(RFC2080)

IETF 也对现有的 RIP 路由协议进行了改进，以与 IPv6 兼容，称为 RIPng。RIPng 是支持 IPv6 的距离向量路由协议，基于 UDP，使用端口号 521 发送和接收数据。RIPng 报文大致分为两类：选路信息报文和用于请求信息的报文。它们都使用相同的格式，由固定的首部和路由表项 RTE(Route Table Entry)组成。其中路由表项可以有多个，基本工作原理：路由器每隔 30 秒发送一次 RIPng 路由信息，如果一个路由器在 180 秒内未收到来自另一个路由器的更新信息，就会将相应的路由标记为不可用路由；如果在 240 秒后依然未收到更新信息，则认为相应网络已不存在，并将路由表中的所有相关路由项予以删除。由此可以看出，RIPng 对 RIP 协议的改变仅仅是允许接收 128 位地址，没有增加新特性。这样做的目的主要是为了保持 RIPng 的简单性，使得 RIPng 网络的配置与维护比较简单。但它限制了最大跳数为 15，故只适合于企业建设小规模网络。

10.4　实验环境与分组

(1)交换机 2 台。

(2)每 2～4 人一组，共同配置交换机。

10.5　实验组网

如图 10－2 所示，图中的参数只作为参考，鼓励各小组灵活自定义 IP 地址等参数。

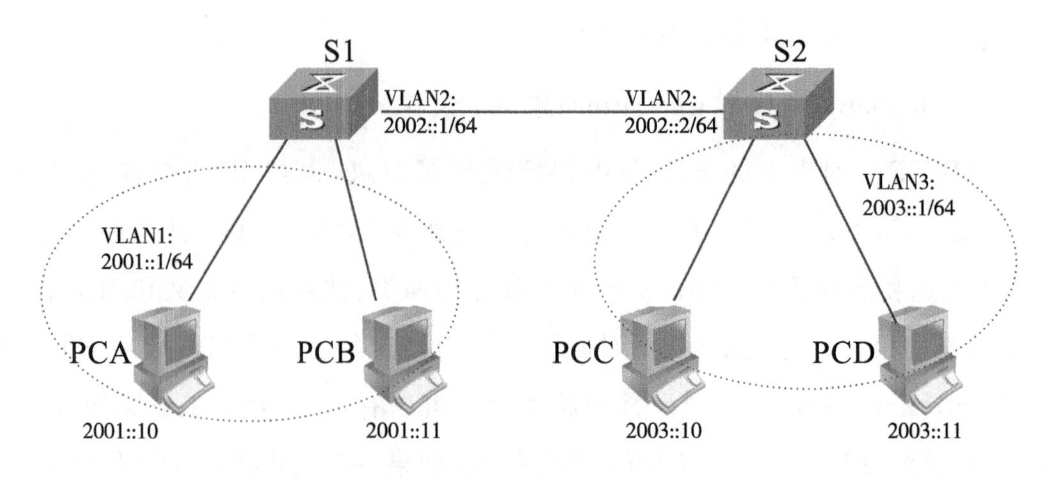

图 10－2 IPv6 实验组网

10.6 实验步骤

步骤 1:在 PC 上安装 IPv6 协议,Windows XP 系统已经内置了 IPv6 协议,右键本地连接,弹出属性对话框,单击“添加”,选择“协议”并选取 IPv6 即可。也可在命令提示符中输入命令“ipv6 install”,以使能 IPv6。

步骤 2:参照第 4 章实验,为交换机 S1 和 S2 配置 VLAN。

步骤 3:在交换机上使能 IPv6,并为 VLAN 接口配置 IPv6 地址。

配置交换机 S1 的参考命令如下:

```
switch(Config)#ipv6 enable
switch(Config)#interface vlan 2
switch(Config-If-Vlan2)#ipv6 address 2002::1/64
switch(Config-If-Vlan2)# no ipv6 nd suppress-ra
! 开启路由器公告
switch(Config)#interface vlan 1
switch(Config-If-Vlan1)#ipv6 address 2001::1/64
switch(Config-If-Vlan1)#no ipv6 nd suppress-ra
! 开启路由器公告
```

同理配置交换机 S2。

步骤 4：在 PC 命令行中执行“ipconfig”，可以看到 PC 机已经获得了 IPv6 地址。也可手动配置 IPv6 地址，在 Windows 的命令行中输入：

```
netsh interface ipv6 add address"INnet"2001::10
```

为 PC 机配置 IPv6 地址为 2001::10。

步骤 5：在 PC 上执行“ping6”，会发现 PCA 到 PCC 和 PCD 不通。在交换机 S1 上配置静态路由：

```
switch(Config)#ipv6 route 2003::/64 2002::2
```

在交换机 S2 上也配置静态路由：

```
switch(Config)#ipv6 route 2001::/64 2002::1
```

再用“ping6”命令测试其连通性。

步骤 6：去掉步骤 5 中静态配置的路由：

```
switch(Config)#no ipv6 route 2003::/64 2002::2
```

为交换机 S1 配置 RIPng 协议，使各 PC 连通。首先要全局启动 RIPng 协议，然后在各 VLAN 接口上使能 RIPng：

```
switch(Config)#router ipv6 rip      ! 启动 RIPng 协议进程
switch(Config)#interface vlan 2
switch(Config-If-Vlan2)#ipv6 router rip
switch(Config-If-Vlan2)#exit
switch(Config)#interface vlan 1
switch(Config-If-Vlan1)#ipv6 router rip
```

同理为交换机 S2 配置 RIPng 协议。

步骤 7：在两台交换机上都配置好 RIPng 协议后，通过“show ipv6 route”命令查看路由表，理解路由表中各项含义。

10.7 实验结果及分析

(1)说明步骤 4 完成后，为什么在 PC 上执行“ping6”命令会发现 PCA 到 PCC 和 PCD 不通。

(2)观察步骤 4 完成后 S1 和 S2 中的路由表项,并与步骤 5 中设置的静态配置的路由比较,指出其中的区别。

10.8 互动讨论主题

(1)IPv6 路由表形成原因;

(2)联通测试中对路由表项的使用;

(3)IPv6 与 IPv4 的区别。

10.9 进阶自设计实验

设置一个镜像观察点,捕获 PCA ping PCC 的 ICMP 报文,指出有哪些部分与 IPv4 中的不同。

第 11 章　OSPF 邻居建立及报文交换过程分析实验

11.1　实验目的

详细分析 OSPF 的 5 种报文结构，掌握 OSPF 邻居建立及报文交换过程。

11.2　实验内容

在路由器上启动 OSPF 协议，同时在计算机上运行 Ethereal 截获报文，然后详细分析 OSPF 邻居建立和报文交换过程。

11.3　实验原理

1. OSPF 简介

OSPF(Open Shortest Path First，开放式最短路径优先)是一个内部网关协议，用于在单一自治系统内决策路由。与 RIP 相对，OSPF 是链路状态路由协议，而 RIP 是距离向量路由协议。链路是路由器接口的另一种说法，因此OSPF也称为接口状态路由协议。

OSPF 是基于链路状态的路由协议。在 OSPF 路由协议的定义中，可以将一个路由域或者一个自治系统划分为几个区域。在 OSPF 中，按照一定的 OSPF 路由法则组合在一起的一组网络或路由器的集合称为区域

(Area)。每一个区域都有着该区域独立的网络拓扑数据库及网络拓扑图。对于每一个区域,其网络拓扑结构在区域外是不可见的。

在 OSPF 路由协议中存在一个骨干区域,该区域包括属于这个区域的网络及相应的路由器,骨干区域必须是连续的,同时也要求其余区域必须与骨干区域直接相连。骨干区域一般为区域 0,其主要工作是在其余区域间传递路由信息。

2. OSPF 邻居关系建立的 4 个阶段

(1)邻居发现阶段。

(2)双向通信阶段:Hello 报文都列出了对方的 Router ID,则邻接关系建立完成。

(3)数据库同步阶段。

(4)完全邻接阶段。

邻居关系的建立和维持是靠 Hello 数据包完成的,在一般的网络类型中,Hello 数据包是每经过 1 个 HelloInterval 以组播的方式发送给 224.0.0.5 一次。

当一个 OSPF 路由器初始化时,首先初始化路由器自身的协议数据库,然后等待低层次(数据链路层)协议提示端口是否处于工作状态。如果低层协议得知一个端口处于工作状态时,OSPF 会通过其 Hello 协议数据包与其余的 OSPF 路由器建立交互关系。一个 OSPF 路由器向其相邻路由器发送 Hello 数据包,如果接收到某一路由器返回的 Hello 数据包,则在这两个 OSPF 路由器之间建立起 OSPF 邻居关系。

一个 OSPF 路由器会与其新发现的相邻路由器建立 OSPF 邻居关系,并且在一对 OSPF 路由器之间作链路状态数据库的同步。OSPF 的数据库同步是通过 OSPF 数据库描述数据包(Database Description Packets,DDP)来进行的。OSPF 路由器周期性地产生与其相连的所有链路的状态信息,有时这些信息也被称为链路状态广播(Link State Advertisement,LSA)。当路由器相连接的链路状态发生改变时,路由器也会产生链路状态广播信息,所有这些广播数据是通过泛洪的方式在某一个 OSPF 区域内进行传播的。

3. OSPF 协议报文结构

OSPF 用 IP 报文直接封装协议报文，协议号为 89。图 11 - 1 是 OSPF 报文结构。

IP Header	OSPF Packet Header	Number of LSAs	LSA Headers	LSA Data

图 11 - 1　OSPF 报文结构

OSPF 邻居建立及数据库同步过程中会用到 OSPF 的五种协议报文，这五种报文有相同的 OSPF 报文头（OSPF Packet Header），共 24 字节。图11 - 2是 OSPF 的报文头部结构。

0　8 bits　16 bits　32 bits

Version	Type	Packet Length
Router ID		
Area ID		
Checksum		AuType
Authentication		

图 11 - 2　OSPF 报文头部结构

第一个字节 Vesion 为 OSPF 版本号，目前为 2。第二个字节 Type 为 OSPF 报文类型，用来确定该报文是五种报文的哪一种，数值 1～5 分别标识 Hello 报文、DD 报文、LSR 报文、LSU 报文和 LSAck 报文。接下来两个字节 Packet Length 为报文长度。跟着的四个字节 Router ID 为此报文源的路由器 ID，OSPF 协议用此唯一标识一台路由器，一般手工配置为路由器的某个接口的 IP 地址。接下来的 4 个字节 Area ID 为此报文所在的 OSPF 区域信息。之后的 Chesksum 为 2 字节的 OSPF 校验和，用来判断报文是否损坏。最后部分是 2 字节的 AuType 验证类型字段和 8 字节的 Authentication 验证数据字段，这些字段允许路由器验证报文是否确实由报头中 Router ID 所标识的路由器所发，以及报文内容是否被修改过。

4. OSPF 报文类型

(1) Hello 报文：用于发现及维持邻居关系，选举 DR，BDR。除去报文头后Hello报文还有20字节,其中前4个字节是发送接口的子网掩码,接下来两个字节是发送Hello报文的周期。路由器周期性地发送Hello报文以发现新的邻居和维持已有的邻居关系。接下来是2字节的选项字段,用于协商报文发送方式,接着是1字节的路由器优先级字段,用于选举DR和BDR。然后是4字节的Dead Interval字段,缺省值为40秒,表示一台路由器如果在40秒内没有收到从邻居来的Hello报文,则认为此邻居的连接已经发生故障。剩下的是DR接口地址和BDR接口地址,都为4字节,对于第一个Hello报文,此时网段中没有选举出DR和BDR,两字段值都为0。

(2)DD报文:用于描述整个数据库,该数据包仅在OSPF初始化时发送。其主要作用是描述本地LSDB的LSA摘要信息,并通过交换DD报文来确定哪些LSA需要交换。第一个DD报文用于确定路由器的主从关系,报文中的Flags标志位有三个字段,分别是I、M和MS。I为1表示是第一个DD报文;M为1表示这不是最后一个DD报文;MS为1表示发送者在DD报文交换过程中为Master;MS为0表示发送者在DD报文交换过程中是Slave。路由器一般根据Router ID来决定主从关系。主从关系确定后,路由器就通过DD报文交换LSA信息,当发现邻居的LSDB中有些LSA信息自己没有时,路由器会发送LSR报文向邻居要求这些LSA信息。

(3)LSR报文(Link State Request Packet):用于向相邻的OSPF路由器请求部分或全部的数据,这种数据包是在当路由器发现其数据已经过期时才发送的。LSR报文的主体部分为12字节,前4个字节为LSA的类型,接着为链路状态ID,用于在本地路由器上唯一标识一条LSA。最后4个字节为发送路由器的Router ID。路由器在收到邻居发送的LSR报文后,会将要求的LSA的具体内容用LSU报文发送给对方。

(4)LSU报文(Link State Update Packet):这是对LSA数据包的响应。LSU报文包含了所请求LSA信息的具体细节,当路由器收到LSU报文后,会以泛洪的方式发送出去。

(5)LSAck报文(Link State Acknowledgment Packet):这是对LSA数据包

的响应。路由器收到 LSU 报文后，都会以组播地址 224.0.0.5 发送 LSAck 报文表示自己已经收到相应的 LSA 信息。

5. LSA 类型及报文结构

有 11 种 LSA，本实验关注的主要有如下几种。

(1)类型 1：Router LSA(路由器 LSA)。每个路由器都将产生 Router LSA，这种 LSA 只在本区域内传播，描述了路由器所有的链路和接口，状态和开销。

(2)类型 2：Network LSA(网络 LSA)。在每个多路访问网络中，DR (Designated Router，指定路由器)都会产生这种 Network LSA，它只在产生这条 Network LSA 的区域泛洪描述了所有和它相连的路由器(包括 DR 本身)。

(3)类型 3：Network Summary LSA(网络汇总 LSA)。由 ABR (Area Border Router，区域边界路由器)始发，用于通告该区域外部的目的地址。当其他的路由器收到来自 ABR 的 Network Summary LSA 以后，不会运行 SPF(Short Path First，最短路径优先)算法，只是简单的加上到达那个 ABR 的开销和 Network Summary LSA 中包含的开销。通过 ABR，到达目标地址的路由和开销一起被加进路由表里，这种依赖中间路由器来确定到达目标地址的完全路由实际上是距离矢量路由协议的行为。

图 11－3 给出了 LSA 头部的结构，LS 年龄(LS Age)表明该 LSA 产生了多少秒；选项字段请求附加特性；LS 类型字段标识 LSA 数据包类型；链路状态 ID(Link－States ID)根据 LS 类型字段的不同代表不同含义，表 11－1给出了部分 LSA 类型及对应的链路状态 ID；通告路由器字段表明生成该 LSA 的路由器 ID。

0　16 bits　24 bits　32 bits

<table>
<tr><td>LS 年龄</td><td>选项</td><td>LS 类型</td></tr>
<tr><td colspan="3">链路状态 ID</td></tr>
<tr><td colspan="3">通告路由器</td></tr>
<tr><td colspan="3">LS 序列号</td></tr>
<tr><td colspan="2">LS 校验和</td><td>长度</td></tr>
</table>

图 11－3　LSA 头部结构

表 11-1 LSA 类型及对应的链路状态 ID

LSA 类型	链路状态 ID
1	生成 LSA 的路由器 ID
2	该网络中 DR 的路由器 ID
3	目标网络的 IP 地址

11.4 实验环境与分组

(1)DCR-2626 路由器 2 台,DCRS-5650 交换机 1 台。

(2)每 4 位同学一组,共同配置路由器。

11.5 实验组网

图 11-4 是本实验的组网图。图中的参数只作为参考,鼓励各小组灵活自定义 IP 地址等参数。

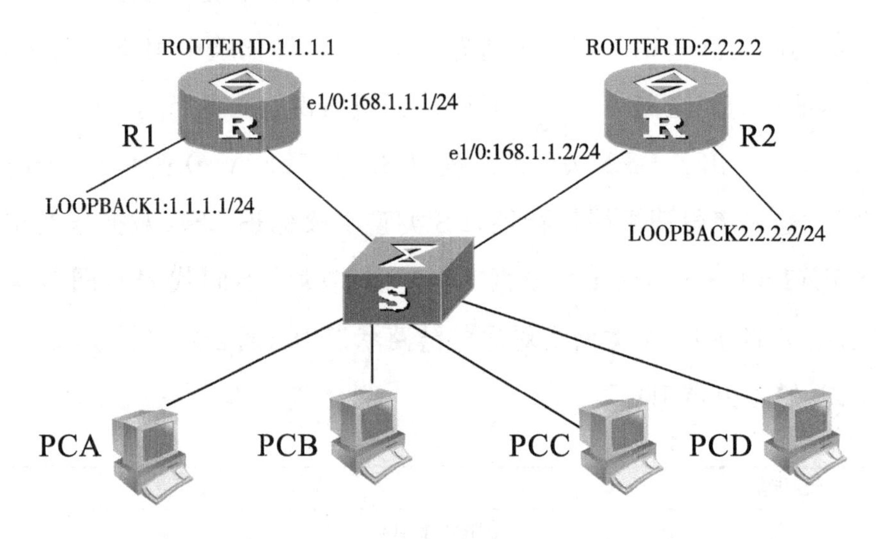

图 11-4 OSPF 邻居建立和报文交换过程组网图

11.6　实验步骤

步骤 1:按图 11-4 连接好各实验设备,配置 IP 地址;交换机不用划分 VLAN,各端口都在一个 VLAN 中。各台 PC 的 IP 地址分别为 168.1.1.10,168.1.1.11,168.1.1.12,168.1.1.13。

步骤 2:在交换机上配置端口镜像,若两个路由器连接到交换机的 23、24 口,PCA 连接在交换机的 1 口,将 23、24 口的流量镜像到 1 端口的命令如下:

switch(Config)#monitor session 1 source interface ethernet 0/0/23-24 both

switch(Config)#monitor session 1 destination interface ethernet 0/0/1

步骤 3:在每台 PC 上运行 Ethereal 软件,开始截获报文。

步骤 4:配置两台路由器,启动 OSPF 协议,并在接口上指定相应的 OSPF 区域,路由器 R1 配置的参考命令如下:

```
Router_config#interface loopback0 ! 配置环回接口
Router_config_l0#ip address 1.1.1.1 255.255.255.0
Router_config#interface e1/0        ! 配置 ethernet0 接口
Router_config_e1/0#ip address 168.1.1.1 255.255.255.0
Router_config_e1/0#no shutdown
Router_config#router ospf 1         ! 启动 ospf 进程,进程号为 1
Router_config_ospf_1#network 168.1.1.0 255.255.255.0 area 0
                                    ! 指定 ospf 区域
Router_config_ospf_1#network 1.1.1.0 255.255.255.0 area 0
```

同理配置 R2 路由器。

步骤 5:"show ip route"查看路由表,如果出现了 OSPF 路由,则说明两台路由器成功建立了邻居关系并交换了路由信息。在 PC 上停止报文截获。

11.7 实验结果及分析

(1)分析所截获的报文,找出 OSPF 的 5 种报文,描述 OSPF 协议邻居关系建立和数据库同步的过程。

(2)说明其中产生的 OSPF 路由项的含义。

(3)选择封装在 OSPF 分组中的任一种 LSA,说明各字段的含义与作用。(可选)

11.8 互动讨论主题

(1)OSPF 报文与 LSA 报文的关系;

(2)如何选举 DR 和 BDR(Backup Designated Router,备份指定路由器);

(3)LSR、LSU、LSAck 等报文的关联关系;

(4)R1、R2 路由表的形成与作用。

11.9 进阶自设计实验

在本实验的基础上,利用实验环境中的 2 台路由器和 1 台三层交换机构建一个支持 OSPF 协议的局域网络,并通过其中一台路由的 NAT 协议连接到校园网。分析该协议使用的路径算法。

附录1 部分交换机配置命令

交换机基本配置命令

状态	命令	作用
用户配置模式 switch>	Enable	进入特权模式 switch#
特权模式 switch#	Disable	退出特权模式
switch#	Config	从特权模式进入到全局模式 switch(Config)#
	Exit	返回到上一级模式
switch#	Set default	恢复出厂设置
switch#	Write	保存当前配置到 Flash Memory
switch#	Reload	热启动交换机
switch#	Show running - config	显示目前生效的配置参数
switch(Config)#	Interface ethernet 端口号	进入该端口配置模式 Router_config_端口#
	?	显示当前模式可用的命令列表

交换机端口配置命令

状态	命令	作用
switch(Config -端口)#	Shutdown	关闭指定端口
switch(Config -端口)#	No Shutdown	打开指定端口
switch(Config -端口)#	Switchport mode {trunk|access}	将端口设定为 Trunk 或 Access 模式
switch(Config -端口)#	No Switchport mode trunk	去掉端口的 Trunk 模式
switch(Config)#	monitor session 1 source interface ethernet 0/0/1 both	镜像端口 ethernet 0/0/1 到下一条命令指定的端口 ethernet 0/0/3,命令前加 NO 可删除
switch(Config)#	monitor session 1 destination interface ethernet 0/0/3	指定镜像目的端口 ethernet 0/0/3

交换机 VLAN 配置命令

状态	命令	作用
switch(Config)#	vlan x	划分 vlan x，进入该 vlan 的配置模式 switch(Config－vlanx)#
switch(Config)#	No vlan x	删除 vlan x
switch(Config)#	router rip	激活 RIP 进程，进入 switch(Config－router)#模式
switch(Config－router)#	network vlan x	指定与 RIP 相关的 vlan 号
switch(Config－vlanx)#	switchport interface 端口	将指定端口划分到 vlan x
switch(Config－vlanx)#	No switchport interface 端口	从 vlan x 删除指定端口
switch#	show vlan	查看当前全部 vlan
switch(Config－vlanx)#	ip address IP 地址 子网掩码	为 vlan x 指定 IP 地址
switch(Config－vlanx)#	No ip address IP 地址 子网掩码	去掉 vlan x 的 IP 地址
switch(Config－vlanx)#	Shutdown	关闭指定 vlan x 接口
switch(Config－vlanx)#	No Shutdown	打开指定 vlan x 接口

附录 2　部分路由器配置命令

路由器基本配置命令

状态	命令	作用
用户配置模式 Router >	Enable	进入特权模式 Router #
特权模式 Switch#	Disable	退出特权模式
Router #	Config	从特权模式进入全局模式 Router_config#
	Exit	返回上一级模式
Router#	Router# write	保存配置
Router#	Router# delete Router# reboot	恢复出厂设置，重启路由
Router_config_f1/0	# no shutdown	启用特定端口 f1/0

路由器端口配置命令

状态	命令	作用
Router#	show interface	显示全部端口的配置参数
Router#	show interface f1/0	显示特定端口 f1/0 的配置参数
Router#	show ip route	查看路由表
Router_config#	interface f1/0	进入特定端口 f1/0 配置模式
Router_config_f1/0#	shutdown	禁用特定端口 f1/0
Router_config_f1/0	# no shutdown	启用特定端口 f1/0

路由表及协议配置命令

状态	命令	作用
Router_config#	ip route 网络 IP 地址 子网掩码 端口 IP	设定到达指定网络的静态路由
Router_config#	No ip route 网络 IP 地址 子网掩码 端口 IP	删除到达指定网络的静态路由
Router_config#	router rip	激活 RIP 进程,进入 Router_config_rip#模式
Router_config_rip#	network 网络 IP 地址 子网掩码	指定使用 RIP 路由协议的网络
Router_config#	router ospf 1	激活 OSPF 进程 1
Router_config_ospf_1#	network 网络 IP 地址 子网掩码 区域号	指定使用 OSPF 路由进程 1 的网络及归属区域

附录3 实验现场检查单

西安交通大学计算机网络实验现场检查单(1/10)

实验名称:组网实验　　时间:　　年　　月　　日　早□ 午□ 晚□

<table>
<tr><td>班 级</td><td></td><td>学 号</td><td></td><td>姓 名</td><td></td></tr>
<tr><td>E - Mail</td><td colspan="3"></td><td>联系电话</td><td></td></tr>
<tr><td>使用设备
组别
G1 G2
G3 G4
G5 G6
G7 G8

实验组网图(标明设备编号、端口号、IP 地址等)</td><td colspan="5"></td></tr>
</table>

续表

<table>
<tr><td>班 级</td><td></td><td>学 号</td><td></td><td>姓 名</td><td></td></tr>
<tr><td>实 验
结 果</td><td colspan="5">1. 网络连通测试结果。
<table><tr><td>网段</td><td>操作</td><td>所用命令</td><td>能否 ping 通</td></tr><tr><td rowspan="2">同一网段中</td><td>PC ping PC</td><td></td><td></td></tr><tr><td>PC ping PC</td><td></td><td></td></tr><tr><td rowspan="2">不同网段中</td><td>PC ping PC</td><td></td><td></td></tr><tr><td>PC ping PC</td><td></td><td></td></tr></table>
2. 用 show ip route 查看 R1 的路由表，分析不同网段互通的原因。

3. 进阶自设计实验(选)：复杂组网，详见 2.8 节。</td></tr>
<tr><td colspan="2">本人机位(组网图中标识)</td><td></td><td>同组人(只填一人)</td><td colspan="2"></td></tr>
<tr><td colspan="2">本人主要工作</td><td colspan="4"></td></tr>
<tr><td colspan="2">师生现场交流</td><td colspan="4"></td></tr>
<tr><td colspan="2">验收教师签名</td><td></td><td>本实验成绩</td><td colspan="2"></td></tr>
</table>

西安交通大学计算机网络实验现场检查单(2/10)

实验名称:以太网链路层协议分析实验

时间:　　年　　月　　日　早□ 午□ 晚□

班级		学号		姓名	
E-Mail				联系电话	
使用设备组别 G1 G2 G3 G4 G5 G6 G7 G8 实验组网图(标明设备编号、端口号、IP地址)					

续表

<table>
<tr><td>班 级</td><td></td><td>学 号</td><td></td><td>姓 名</td><td></td></tr>
<tr><td>实 验
结 果</td><td colspan="5">1. 对截获的报文进行分析，找到发送消息的报文，填写如下字段的值。
<table><tr><td rowspan="2">Ethernet II 协议层</td><td>Source 字段值</td><td></td></tr><tr><td>Destination 字段值</td><td></td></tr><tr><td rowspan="2">Internet Protocol 协议层</td><td>Source 字段值</td><td></td></tr><tr><td>Destination 字段值</td><td></td></tr></table>2. 实验中得到的 Ethernet II 帧的类型字段的值是多少？该值的含义和作用是什么？

3. 进阶自设计实验(选)：搭建 PPPoE 环境，截获 PPPoE 报文并分析，详见 3.9 节。</td></tr>
<tr><td colspan="2">本人机位(组网图中标识)</td><td colspan="2"></td><td>同组人(只填一人)</td><td></td></tr>
<tr><td colspan="2">本人主要工作</td><td colspan="4"></td></tr>
<tr><td colspan="2">师生现场交流</td><td colspan="4"></td></tr>
<tr><td colspan="2">验收教师签名</td><td colspan="2"></td><td>本实验成绩</td><td></td></tr>
</table>

西安交通大学计算机网络实验现场检查单(3/10 共2页)

实验名称:VLAN的配置与分析实验

时间: 年 月 日 早□ 午□ 晚□

<table>
<tr><td>班 级</td><td></td><td>学 号</td><td></td><td>姓 名</td><td></td></tr>
<tr><td>E-Mail</td><td colspan="3"></td><td>联系电话</td><td></td></tr>
<tr><td>使用设备
组别
G1 G2
G3 G4
G5 G6
G7 G8

实验组网图
(标明设备编号、端口号、VLAN号、IP地址)</td><td colspan="5"></td></tr>
<tr><td>实 验
结 果</td><td colspan="5">1. 验证同一VLAN的两台计算机能否通信,不同VLAN之间的计算机能否通信,记录结果并解释原因(步骤3)。

2. 步骤6(Trunk端口配置)完成后,测试同一VLAN和不同VLAN中计算机的互通情况,记录测试结果并解释原因。</td></tr>
</table>

续表

班级		学号		姓名	

实验结果

3. 填写步骤 7 中的表格并解释原因(设置镜像端口后)。

ping 发起:	Source:	Destination:
观查点		

转发过程 (标明方向)	报文类型 (请求/响应)	VLAN 标记 (只填写观察到的)	标记出现 与否的原因
PCA→S1			
S1→S2			
S2→PCC			

4. 完成实验步骤 10 后,解释不同 VLAN 间可以通信的原因。

5. 进阶自设计实验(选):VLAN 标记的产生并提出分析,详见 4.8 节。

本人机位(组网图中标识)		同组人(只填一人)	
本人主要工作			
师生现场交流			
验收教师签名		本实验成绩	

西安交通大学计算机网络实验现场检查单(4/10 共 2 页)

实验名称:ARP 协议分析实验 时间: 年 月 日 早□ 午□ 晚□

<table>
<tr><td>班 级</td><td></td><td>学 号</td><td></td><td>姓 名</td><td></td></tr>
<tr><td>E-Mail</td><td colspan="3"></td><td>联系电话</td><td></td></tr>
<tr><td>使用设备
组别
G1 G2
G3 G4
G5 G6
G7 G8

实验组网图
(标明设备编号、端口号、VLAN号、IP 地址)</td><td colspan="5"></td></tr>
<tr><td>实 验
结 果</td><td colspan="5">1. 记录步骤 4 中“arp - a”的结果,写出其含义。

2. 观察同一网段的 ARP 包格式,记录结果。
<table>
<tr><td>字段</td><td>请求报文</td><td>应答报文</td></tr>
<tr><td>以太网链路层 Destination 项</td><td></td><td></td></tr>
<tr><td>以太网链路层 Source 项</td><td></td><td></td></tr>
<tr><td>ARP 报文发送者硬件地址</td><td></td><td></td></tr>
<tr><td>ARP 报文发送者 IP 地址</td><td></td><td></td></tr>
<tr><td>ARP 报文目标硬件地址</td><td></td><td></td></tr>
<tr><td>ARP 报文目标 IP 地址</td><td></td><td></td></tr>
</table>
</td></tr>
</table>

续表

班 级		学 号		姓 名	

实验结果

3. 完成步骤 7 后，分析不同网段的 ARP 请求和响应报文，填写下表。

字段	请求报文	应答报文
以太网链路层 Destination 项		
以太网链路层 Source 项		
ARP 报文发送者硬件地址		
ARP 报文发送者 IP 地址		
ARP 报文目标硬件地址		
ARP 报文目标 IP 地址		

4. 进阶自设计实验(选)：无偿 ARP 报文产生与分析，详见 5.8 节。

本人机位(组网图中标识)		同组人(只填一人)	
本人主要工作			
师生现场交流			
验收教师签名		本实验成绩	

西安交通大学计算机网络实验现场检查单(5/10 共2页)

实验名称:IP协议分析实验 时间: 年 月 日 早□ 午□ 晚□

班 级		学 号		姓 名	
E-Mail				联系电话	
使用设备组别 G1 G2 G3 G4 G5 G6 G7 G8 实验组网图(标明设备编号、端口号、VLAN号、IP地址)					
实验结果	1. 将PCA上的子网掩码配置为:255.255.0.0,在PCA和PCB上运行Ethereal进行报文截获,然后执行PCA ping PCB,观察能否ping通,并结合截获的报文分析原因。				

续表

<table>
<tr><td>班 级</td><td></td><td>学 号</td><td></td><td>姓 名</td><td></td></tr>
<tr><td>实 验
结 果</td><td colspan="5">2. 如果将 VLAN2、VLAN3、PCB 的子网掩码也配置为 255.255.0.0,结果又会如何?如何调整相应的 IP 地址才能连通?

2. 记录步骤 4 得到的 IP 报文,写出其中一条报文中各字段值的中文含义。

3. 进阶自设计实验(选):分析 IP 报文序列,解释数据分段、重组分析,详见 6.8 节。</td></tr>
<tr><td colspan="2">本人机位(组网图中标识)</td><td colspan="2"></td><td>同组人(只填一人)</td><td></td></tr>
<tr><td colspan="2">本人主要工作</td><td colspan="4"></td></tr>
<tr><td colspan="2">师生现场交流</td><td colspan="4"></td></tr>
<tr><td colspan="2">验收教师签名</td><td colspan="2"></td><td>本实验成绩</td><td></td></tr>
</table>

西安交通大学计算机网络实验现场检查单(6/10　共 2 页)

实验名称：TCP 协议分析实验　　时间：　年　月　日　早□ 午□ 晚□

班 级		学号		姓 名	
E - Mail				联系电话	
使用设备组别 G1 G2 G3 G4 G5 G6 G7 G8 实验组网图(标明设备编号、端口号、IP 地址)					

实验结果

1. 分析截获的报文，记录 TCP 连接建立过程的三个报文和连接释放过程的四个报文。

(1)TCP 连接建立报文信息：

报文捕获计算机：

字段名称	第一条报文值及含义	第二条报文值及含义	第三条报文值及含义	第四条报文值及含义
报文发出计算机				
捕获的报文序号				
Sequence Number				
Acknowledgement Number				
ACK				
SYN				

(2)TCP 连接释放报文信息：

报文捕获计算机：

字段名称	第一条报文值及含义	第二条报文值及含义	第三条报文值及含义	第四条报文值及含义
报文发出计算机				
捕获的报文序号				
Sequence Number				
Acknowledgement Number				
ACK				
FIN				

续表

班级		学 号		姓 名	

实验结果

2. 记录 TCP 数据传送阶段的前 8 个报文。

捕获的报文序号	报文种类(发送/确认)	序号字段	确认号	数据长度	确认到哪一条报文(填捕获的报文序号)	窗口大小

3. 如何确定那条捕获的报文已被确认？窗口值大小何时、何因由谁调整？

4. 进阶自设计实验(选)：UDP 传输实验与报文分析，详见 7.8 节。

本人机位(组网图中标识)		同组人(只填一人)	
本人主要工作			
师生现场交流			
验收教师签名		本实验成绩	

西安交通大学计算机网络实验现场检查单(7/10 共2页)

实验名称:静态路由及RIP协议配置实验

时间: 年 月 日 早□ 午□ 晚□

班 级		学号		姓 名	
E-Mail				联系电话	
使用设备 组别 G1 G2 G3 G4 G5 G6 G7 G8 实验组网图 (标明设备编号、端口号、VLAN号、IP地址)					
实 验 结 果	1. 步骤1之后在R1上ping各台PC,看能否ping通,分析路由表并写出原因。 2. 步骤2之后在R1上ping各台PC,看能否ping通,分析路由表并写出原因。				

续表

<table>
<tr><td>班 级</td><td></td><td>学号</td><td></td><td>姓 名</td><td></td></tr>
<tr><td>实 验
结 果</td><td colspan="5">3. 步骤 3 之后。
(1)测试连通性(在 R1 上 ping 各台 PC,看能否 ping 通),记录连通性,写出原因。

(2)查看路由填写下表。
<table><tr><td>Destination/Mask</td><td>Protocol</td><td>Pref</td><td>Cost</td><td>Next Hop</td><td>Interface</td></tr><tr><td></td><td></td><td></td><td></td><td></td><td></td></tr><tr><td></td><td></td><td></td><td></td><td></td><td></td></tr><tr><td></td><td></td><td></td><td></td><td></td><td></td></tr></table>
4. 进阶自设计实验(选):利用 RIP 和 NAT 协议进行复杂组网,详见 8.8 节。</td></tr>
<tr><td colspan="2">本人机位(组网图中标识)</td><td></td><td>同组人(只填一人)</td><td colspan="2"></td></tr>
<tr><td colspan="2">本人主要工作</td><td colspan="4"></td></tr>
<tr><td colspan="2">师生现场交流</td><td colspan="4"></td></tr>
<tr><td colspan="2">验收教师签名</td><td></td><td>本实验成绩</td><td colspan="2"></td></tr>
</table>

西安交通大学计算机网络实验现场检查单(8/10)

实验名称:RIP报文结构分析实验

时间: 年 月 日 早□ 午□ 晚□

<table>
<tr><td>班 级</td><td></td><td>学号</td><td></td><td>姓 名</td><td></td></tr>
<tr><td>E-Mail</td><td colspan="3"></td><td>联系电话</td><td></td></tr>
<tr><td>使用设备组别
G1 G2
G3 G4
G5 G6
G7 G8

实验组网图(标明设备编号、端口号、VLAN号、IP地址)</td><td colspan="5"></td></tr>
<tr><td>实验结果</td><td colspan="5">1. 分析所截获的报文,理解所截获的请求报文和应答报文的含义,将应答报文之一的各字段值填入下表。
<table>
<tr><td colspan="2">观察点</td><td>字段</td><td>值</td><td>含义</td></tr>
<tr><td colspan="2">IP</td><td>目的地址</td><td></td><td></td></tr>
<tr><td colspan="2">UDP</td><td>端口号</td><td></td><td></td></tr>
<tr><td rowspan="5">RIP</td><td rowspan="2">头部</td><td>命令字段</td><td></td><td></td></tr>
<tr><td>版本号</td><td></td><td></td></tr>
<tr><td rowspan="3">路由信息</td><td>地址族标识</td><td></td><td></td></tr>
<tr><td>网络地址</td><td></td><td></td></tr>
<tr><td>跳数</td><td></td><td></td></tr>
</table></td></tr>
</table>

续表

<table>
<tr><td>班 级</td><td></td><td>学号</td><td></td><td>姓 名</td><td></td></tr>
<tr><td>实 验
结 果</td><td colspan="5">2. 进阶自设计实验(选):RIP 报文交换次序与路由表形成分析,详见 9.8 节。</td></tr>
<tr><td colspan="2">本人机位(组网图中标识)</td><td colspan="2"></td><td>同组人(只填一人)</td><td></td></tr>
<tr><td colspan="2">本人主要工作</td><td colspan="4"></td></tr>
<tr><td colspan="2">师生现场交流</td><td colspan="4"></td></tr>
<tr><td colspan="2">验收教师签名</td><td colspan="2"></td><td>本实验成绩</td><td></td></tr>
</table>

西安交通大学计算机网络实验现场检查单(9/10)

实验名称:IPv6组网实验　　时间:　　年　月　日　早□ 午□ 晚□

班 级		学号		姓 名	
E-Mail				联系电话	
使用设备 组别 G1 G2 G3 G4 G5 G6 G7 G8 实验组网图 (标明设备编号、端口号、VLAN号、IP地址)					
实验 结果	1. 说明步骤4完成后,为什么在PC上执行ping6命令会发现PCA到PCC和PCD不通?				

续表

<table>
<tr><td>班 级</td><td></td><td>学号</td><td></td><td>姓 名</td><td></td></tr>
<tr><td>实 验
结 果</td><td colspan="5">2. 观察步骤 7 完成后 S1 和 S2 中的路由表项，写出 S1 和 S2 中 RIPng 路由项并解释含义，与步骤 5 中设置的静态配置的路由项比较，指出其中的区别。

3. 进阶自设计实验(选)：IPv6 与 IPv4 报文捕获与分析，详见 10.9 节。</td></tr>
<tr><td colspan="2">本人机位(组网图中标识)</td><td colspan="2"></td><td>同组人(只填一人)</td><td></td></tr>
<tr><td colspan="2">本人主要工作</td><td colspan="4"></td></tr>
<tr><td colspan="2">师生现场交流</td><td colspan="4"></td></tr>
<tr><td colspan="2">验收教师签名</td><td colspan="2"></td><td>本实验成绩</td><td></td></tr>
</table>

西安交通大学计算机网络实验现场检查单(10/10　共 2 页)

实验名称:OSPF 邻居建立及报文交换过程分析实验

时间:　　年　　月　　日　早□ 午□ 晚□

班 级		学号		姓 名	
E-Mail				联系电话	
使用设备组别 G1　G2 G3　G4 G5　G6 G7　G8 实验组网图(标明设备编号、端口号、IP 地址)					
实验结果	1. 针对自己截获的报文,写出其包含的 OSPF 报文的含义(每类挑选一条);结合实验获得的报文,简要描述 OSPF 协议邻居关系建立和数据库同步的过程。				

续表

班 级		学号		姓 名	
实 验 结 果	2. 说明路由器 R1、R2 中产生的 OSPF 路由表项的含义。 3. 选择封装在 OSPF 分组中的任一种 LSA,说明各字段的含义与作用。 4. 进阶自设计实验(选):OSPF 复杂组网,详见 11.9 节。				
本人机位(组网图中标识)			同组人(只填一人)		
本人主要工作					
师生现场交流					
验收教师签名			本实验成绩		